에이급 수학

초등 2-2

"노력을 주고 성적을 받는
가장 정직한 공부가 **수학**입니다"

까짓것 한번 해보자.
이 마음만 먹으세요.
그다음은 에이급수학이 도울 수 있어요.

실력을 엘리베이터에 태우는 일,
실력에 날개를 달아주는 일,
에이급수학이 가장 잘하는 일입니다.

시작이 **에이급**이면 결과도 **A급**입니다.

구성과 특징

S/t/r/u/c/t/u/r/e

개념학습

• 개념 + 더블체크

단원에서 배우는 중요개념을
핵심만을 콕콕 짚어서 정리하였습니다.
개념을 제대로 이해했는지 더블체크로
다시 한번 빠르게 확인합니다.

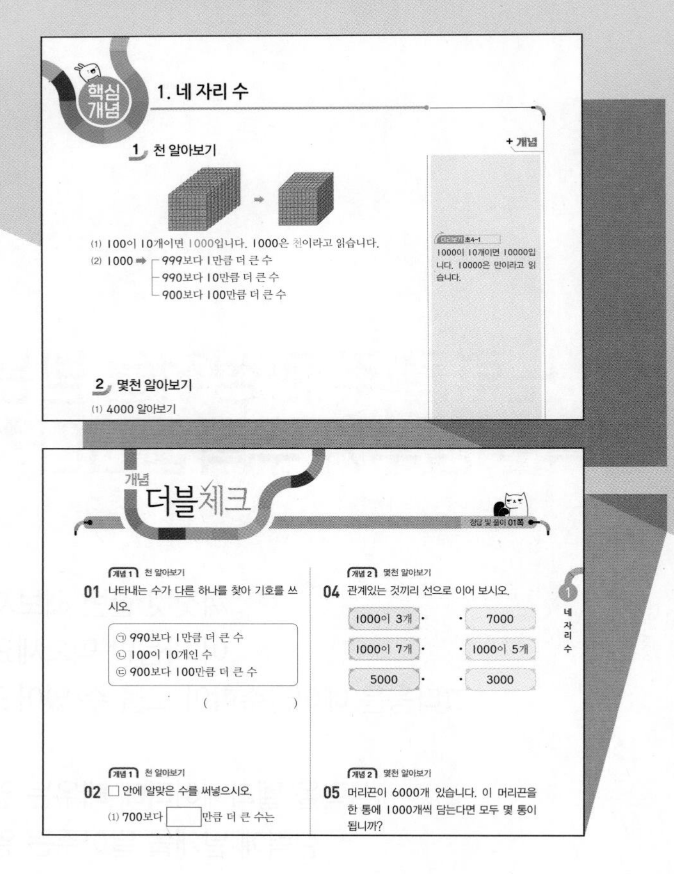
핵심개념 1. 네 자리 수

1 천 알아보기

(1) 100이 10개이면 1000입니다. 1000은 천이라고 읽습니다.
(2) 1000 ➡ 999보다 1만큼 더 큰 수 / 990보다 10만큼 더 큰 수 / 900보다 100만큼 더 큰 수

+ 개념: 1000이 10개이면 10000입니다. 10000은 만이라고 읽습니다.

2 몇천 알아보기

(1) 4000 알아보기

개념 더블체크 — 정답 및 풀이 01쪽

개념 1 천 알아보기
01 나타내는 수가 다른 하나를 찾아 기호를 쓰시오.
㉠ 990보다 1만큼 더 큰 수
㉡ 100이 10개인 수
㉢ 900보다 100만큼 더 큰 수
( )

개념 2 몇천 알아보기
04 관계있는 것끼리 선으로 이어 보시오.
1000이 3개 · · 7000
1000이 7개 · · 1000이 5개
5000 · · 3000

개념 1 천 알아보기
02 □ 안에 알맞은 수를 써넣으시오.
(1) 700보다 □만큼 더 큰 수는

개념 2 몇천 알아보기
05 머리끈이 6000개 있습니다. 이 머리끈을 한 통에 1000개씩 담는다면 모두 몇 통이 됩니까?

단계

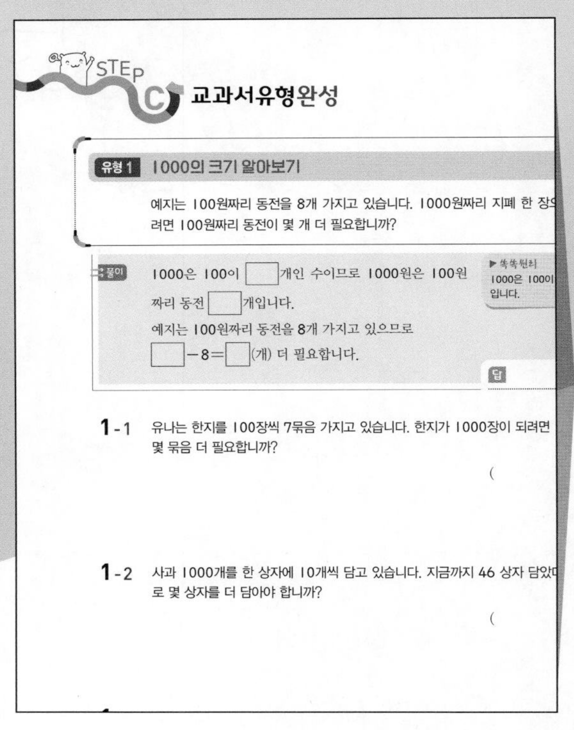
STEP C 교과서유형완성

유형 1 1000의 크기 알아보기

예지는 100원짜리 동전을 8개 가지고 있습니다. 1000원짜리 지폐 한 장으로 바꾸려면 100원짜리 동전이 몇 개 더 필요합니까?

풀이 1000은 100이 □개인 수이므로 1000원은 100원짜리 동전 □개입니다.
예지는 100원짜리 동전을 8개 가지고 있으므로
□−8=□(개) 더 필요합니다.

답

1-1 유나는 한지를 100장씩 7묶음 가지고 있습니다. 한지가 1000장이 되려면 몇 묶음 더 필요합니까?
( )

1-2 사과 1000개를 한 상자에 10개씩 담고 있습니다. 지금까지 46 상자 담았으므로 몇 상자를 더 담아야 합니까?
( )

STEP C 교과서유형완성

각 단원에 꼭 맞는 유형 집중 훈련으로
문제 해결의 힘을 기릅니다.
교과서에서 배우는 모든 내용을
완전히 이해하도록 하였습니다.

Read **Today**
Lead **Tomorrow**

수학을 배웁니다.
내일의 **문제해결력**을 배웁니다.

수학이 자신있어 집니다

에이급수학 초등 2-2

발행일 2024년 10월 1일
펴낸이 김은희
펴낸곳 에이급출판사
등록번호 제20-449호

책임편집 김선희, 손지영, 이윤지, 장정숙
마케팅총괄 이재호
표지디자인 공정준
내지디자인 공정준
조판 보문씨앤씨

주소 서울시 강남구 봉은사로 37길 13, 동우빌딩 5층
전화 02) 514-2422~3, 02) 517-5277~8
팩스 02) 516-6285
홈페이지 www.aclassmath.com

상위권 돌파의 책은 따로 있습니다!!

수학이 특기! 에이급 수학!

단계

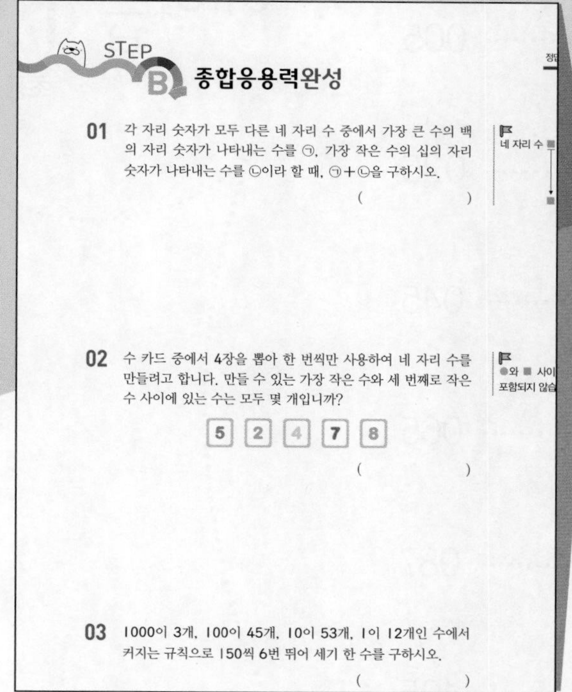

STEP B 종합응용력완성

01 각 자리 숫자가 모두 다른 네 자리 수 중에서 가장 큰 수의 백의 자리 숫자가 나타내는 수를 ㉠, 가장 작은 수의 십의 자리 숫자가 나타내는 수를 ㉡이라 할 때, ㉠+㉡을 구하시오.

( )

02 수 카드 중에서 4장을 뽑아 한 번씩만 사용하여 네 자리 수를 만들려고 합니다. 만들 수 있는 가장 작은 수와 세 번째로 작은 수 사이에 있는 수는 모두 몇 개입니까?

5 2 4 7 8

( )

03 1000이 3개, 100이 45개, 10이 53개, 1이 12개인 수에서 커지는 규칙으로 150씩 6번 뛰어 세기 한 수를 구하시오.

( )

STEP B **종합응용력완성**

난도 높은 문제와 서술형 문제를 통해
실전 감각을 익히도록 하였습니다.
한 단계 더 나아간 심화 · 응용 문제로
종합적인 사고력을 기를 수 있습니다.

단계

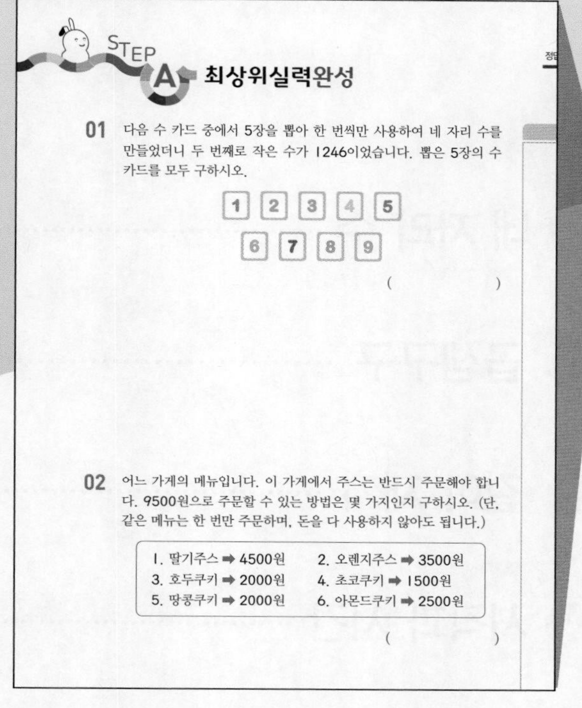

STEP A 최상위실력완성

01 다음 수 카드 중에서 5장을 뽑아 한 번씩만 사용하여 네 자리 수를 만들었더니 두 번째로 작은 수가 1246이었습니다. 뽑은 5장의 수 카드를 모두 구하시오.

1 2 3 4 5
6 7 8 9

( )

02 어느 가게의 메뉴입니다. 이 가게에서 주스는 반드시 주문해야 합니다. 9500원으로 주문할 수 있는 방법은 몇 가지인지 구하시오. (단, 같은 메뉴는 한 번만 주문하며, 돈을 다 사용하지 않아도 됩니다.)

1. 딸기주스 ➡ 4500원
2. 오렌지주스 ➡ 3500원
3. 호두쿠키 ➡ 2000원
4. 초코쿠키 ➡ 1500원
5. 땅콩쿠키 ➡ 2000원
6. 아몬드쿠키 ➡ 2500원

( )

STEP A **최상위실력완성**

언제든지 응용과 확장이 가능한
최고 수준의 문제로 탄탄한 상위 1%의
실력을 완성합니다.
교내외 경시나 영재교육원도
자신 있게 대비하세요.

차례

C/o/n/t/e/n/t/s

에이급 수학

초등 2-2

이 단원에서 완성할 내용

유형 1	1000의 크기 알아보기
유형 2	모두 몇인지 알아보기
유형 3	수 카드로 네 자리 수 만들기
유형 4	크기를 비교하여 □ 안에 들어갈 수 있는 수 구하기
유형 5	뛰어 세는 규칙을 찾아 알맞은 수 구하기
유형 6	조건에 맞는 네 자리 수 구하기
유형 7	몇 개까지 살 수 있는지 구하기

1. 네 자리 수

1 천 알아보기

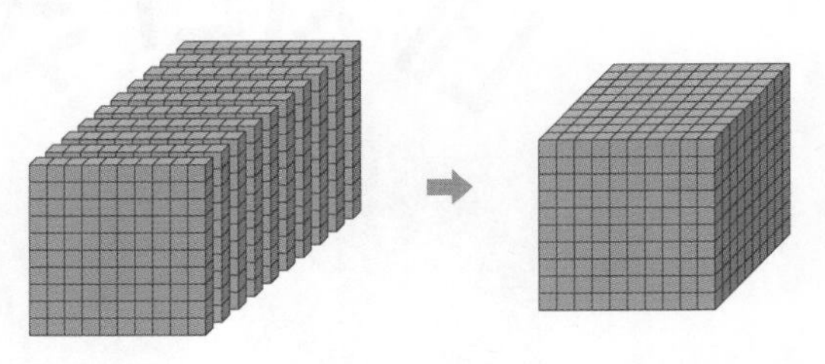

(1) 100이 10개이면 1000입니다. 1000은 천이라고 읽습니다.

(2) 1000 ➡ 999보다 1만큼 더 큰 수
990보다 10만큼 더 큰 수
900보다 100만큼 더 큰 수

+ 개념

미리보기 초4-1
10000이 10개이면 100000입니다. 100000은 만이라고 읽습니다.

2 몇천 알아보기

(1) 4000 알아보기

1000이 4개이면 4000입니다. 4000은 사천이라고 읽습니다.

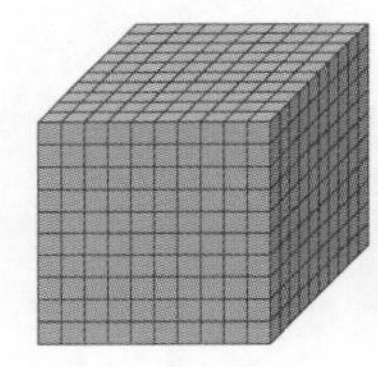 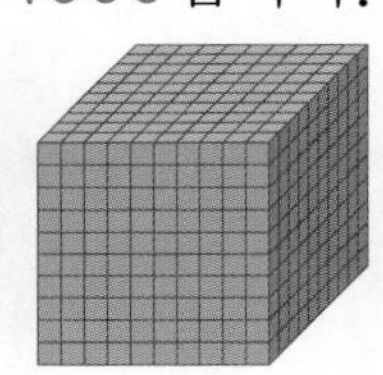  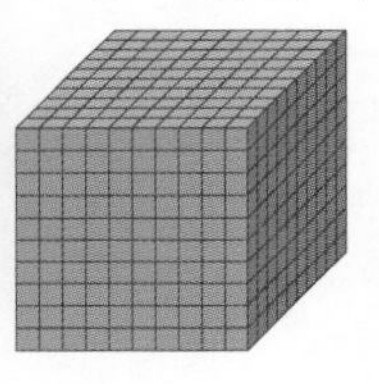

(2) 몇천 알아보기

수	쓰기	읽기
1000이 2개인 수	2000	이천
1000이 3개인 수	3000	삼천
1000이 4개인 수	4000	사천
1000이 5개인 수	5000	오천
1000이 6개인 수	6000	육천
1000이 7개인 수	7000	칠천
1000이 8개인 수	8000	팔천
1000이 9개인 수	9000	구천

⊕ 1000이 ■개인 수
➡ 쓰기: ■000
읽기: ■천

개념 더블체크

정답 및 풀이 01쪽

개념 1 천 알아보기

01 나타내는 수가 다른 하나를 찾아 기호를 쓰시오.

㉠ 990보다 1만큼 더 큰 수
㉡ 100이 10개인 수
㉢ 900보다 100만큼 더 큰 수

(　　　　　　　)

개념 1 천 알아보기

02 □ 안에 알맞은 수를 써넣으시오.

(1) 700보다 □ 만큼 더 큰 수는 1000입니다.

(2) 950보다 □ 만큼 더 큰 수는 1000입니다.

개념 1 천 알아보기

03 1000원이 되도록 묶었을 때 남는 돈은 얼마입니까?

(　　　　　　　)

개념 2 몇천 알아보기

04 관계있는 것끼리 선으로 이어 보시오.

1000이 3개 •	• 7000
1000이 7개 •	• 1000이 5개
5000 •	• 3000

개념 2 몇천 알아보기

05 머리끈이 6000개 있습니다. 이 머리끈을 한 통에 1000개씩 담는다면 모두 몇 통이 됩니까?

(　　　　　　　)

개념 2 몇천 알아보기

06 지윤이는 한 번에 1000원인 뽑기를 4번 했습니다. 지윤이가 쓴 금액은 얼마입니까?

(　　　　　　　)

3 네 자리 수 알아보기

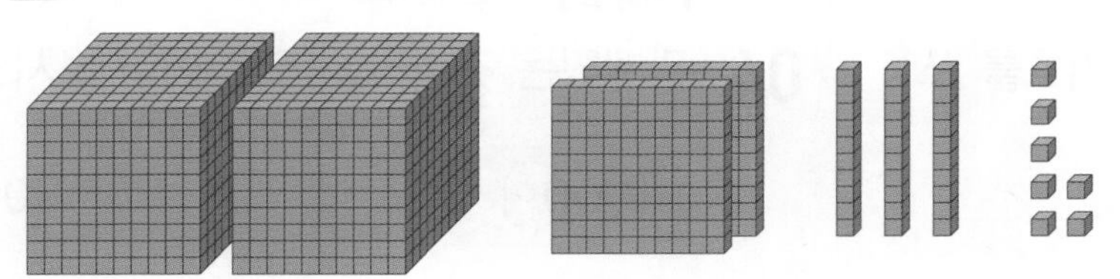

(1) 1000이 2개, 100이 2개, 10이 3개, 1이 7개이면 2237입니다.
2237은 이천이백삼십칠이라고 읽습니다.

(2) 4381 ➡ 1000이 4개
100이 3개
10이 8개
1이 1개

⊕ 네 자리 수를 읽을 때 숫자가 0인 자리는 읽지 않고 숫자가 1이면 자리만 읽습니다.

4 자릿값 알아보기

(1) 5615의 각 자리의 숫자가 나타내는 값 알아보기

천의 자리	백의 자리	십의 자리	일의 자리
5	6	1	5

⬇

5	0	0	0
	6	0	0
		1	0
			5

(2) 5615에서
5는 천의 자리 숫자이고 5000을 나타냅니다.
6은 백의 자리 숫자이고 600을 나타냅니다.
1은 십의 자리 숫자이고 10을 나타냅니다.
5는 일의 자리 숫자이고 5를 나타냅니다.

➡ 5615＝5000＋600＋10＋5

참고 같은 숫자가 나타내는 값의 관계
3613에서 숫자 3이 나타내는 값
→3
→3000
➡ 자리에 따라 나타내는 값이 다릅니다.

⊕ 자릿값은 오른쪽에서 왼쪽으로 한 자리씩 옮겨갈 때마다 10배씩 커집니다.

⊕ 네 자리 수를 덧셈식으로 나타내기
■▲●♥＝■000＋▲00＋●0＋♥

개념 3 네 자리 수 알아보기

07 □ 안에 알맞은 수를 써넣으시오.

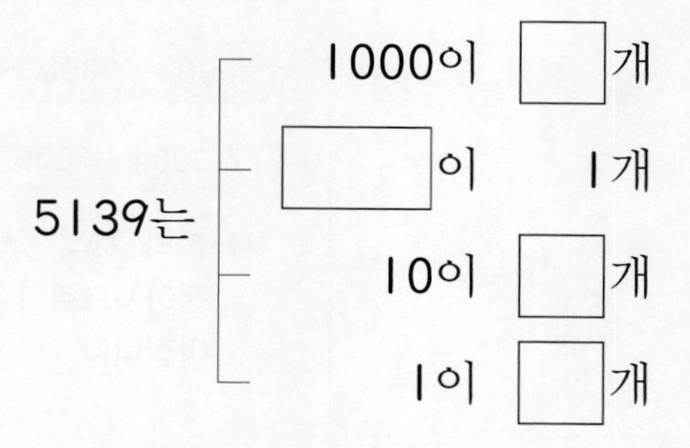

개념 3 네 자리 수 알아보기

08 다음이 나타내는 수를 쓰고 읽어 보시오.

1000이 8개, 100이 7개,
10이 4개, 1이 3개인 수

쓰기 (　　　　　　)
읽기 (　　　　　　)

개념 3 네 자리 수 알아보기

09 민정이는 1000원짜리 지폐 3장, 100원짜리 동전 11개, 10원짜리 동전 5개를 가지고 있습니다. 민정이가 가지고 있는 돈은 얼마입니까?

(　　　　　　)

개념 4 자릿값 알아보기

10 백의 자리 숫자가 가장 큰 수를 찾아 ○표 하시오.

4317　　9503　　8495

개념 4 자릿값 알아보기

11 □ 안에 알맞은 수를 써넣으시오.

(1) 4217＝□＋200＋□＋7

(2) □＝5000＋10＋5

개념 4 자릿값 알아보기

12 6이 나타내는 값이 가장 큰 수와 가장 작은 수를 찾아 기호를 쓰시오.

㉠ 9610　　㉡ 1265
㉢ 6011　　㉣ 4526

가장 큰 수 (　　　　　　)
가장 작은 수 (　　　　　　)

핵심 개념

5 뛰어 세기

(1) 1000씩 뛰어 세기

2235 — 3235 — 4235 — 5235 — 6235

➡ 천의 자리 숫자가 1씩 커집니다.

(2) 100씩 뛰어 세기

6137 — 6237 — 6337 — 6437 — 6537

➡ 백의 자리 숫자가 1씩 커집니다.

(3) 10씩 뛰어 세기

3541 — 3551 — 3561 — 3571 — 3581

➡ 십의 자리 숫자가 1씩 커집니다.

(4) 1씩 뛰어 세기

7352 — 7353 — 7354 — 7355 — 7356

➡ 일의 자리 숫자가 1씩 커집니다.

6 두 수의 크기 비교하기

(1) 자릿수가 다른 경우는 자릿수가 많을수록 큰 수입니다.

958 < 1123
세 자리 수 네 자리 수

(2) 자릿수가 같은 경우는 천의 자리, 백의 자리, 십의 자리, 일의 자리 순서로 비교하여 높은 자리 수가 클수록 큰 수입니다.

① 천의 자리 숫자가 다른 경우

2735 < 3725
2 < 3

② 천의 자리 숫자가 같은 경우

2500 > 2496
5 > 4

③ 천, 백의 자리 숫자가 각각 같은 경우

3855 > 3837
5 > 3

④ 천, 백, 십의 자리 숫자가 각각 같은 경우

6542 < 6549
2 < 9

+ 개념

1000씩 거꾸로 뛰어 세기

8000 — 7000 — 6000 — 5000 — 4000

➡ 천의 자리 숫자가 1씩 작아지므로 1000씩 작아집니다.

개념 **더블체크**

정답 및 풀이 01쪽

개념 5 뛰어 세기

13 뛰어 세는 규칙을 찾아 빈 곳에 알맞은 수를 써넣으시오.

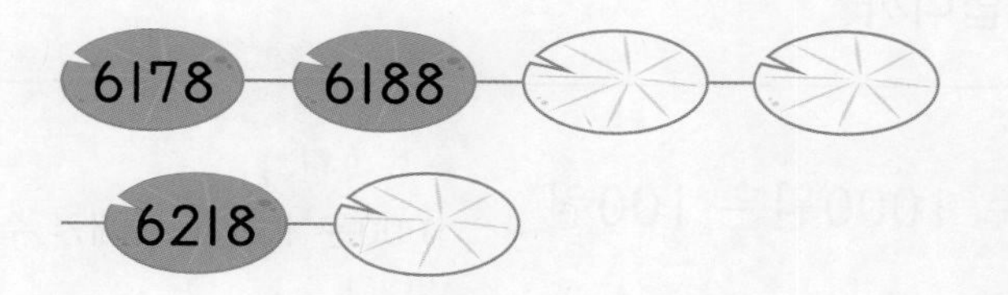

개념 5 뛰어 세기

14 2025부터 100씩 5번 뛰어 센 수는 얼마입니까?

(　　　　　　　　)

개념 5 뛰어 세기

15 유하의 저금통에는 5월 현재 4560원이 있습니다. 6월부터 한 달에 1000원씩 계속 저금한다면 9월에는 얼마가 됩니까?

(　　　　　　　　)

개념 6 두 수의 크기 비교하기

16 두 수의 크기를 비교하여 ○ 안에 > 또는 <를 써넣으시오.

(1) 3001 ○ 4200

(2) 7293 ○ 7256

개념 6 두 수의 크기 비교하기

17 더 큰 수를 말한 사람은 누구입니까?

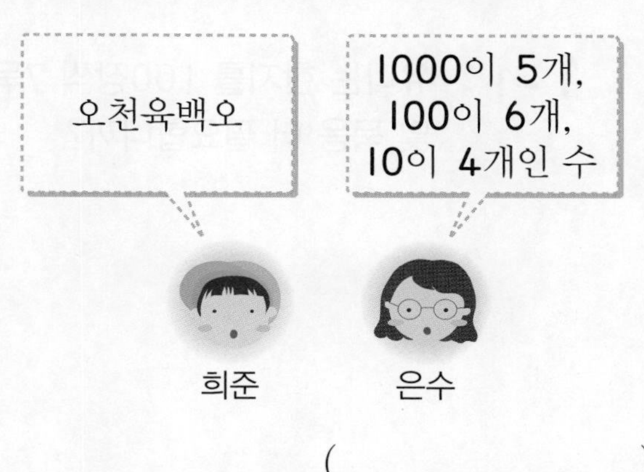

(　　　　　　　　)

개념 6 두 수의 크기 비교하기

18 7534보다 큰 수는 몇 개입니까?

7455	7560	7600
7530	7533	

(　　　　　　　　)

유형 1 1000의 크기 알아보기

예지는 100원짜리 동전을 8개 가지고 있습니다. 1000원짜리 지폐 한 장으로 바꾸려면 100원짜리 동전이 몇 개 더 필요합니까?

풀이 1000은 100이 ☐개인 수이므로 1000원은 100원짜리 동전 ☐개입니다.
예지는 100원짜리 동전을 8개 가지고 있으므로
☐ $-8=$ ☐(개) 더 필요합니다.

▶쏙쏙원리
1000은 100이 10개인 수입니다.

답

1-1 유나는 한지를 100장씩 7묶음 가지고 있습니다. 한지가 1000장이 되려면 100장씩 몇 묶음 더 필요합니까?

( )

1-2 사과 1000개를 한 상자에 10개씩 담고 있습니다. 지금까지 46 상자 담았다면 앞으로 몇 상자를 더 담아야 합니까?

( )

1-3 승우는 500원짜리 동전 2개를 100원짜리로 모두 바꾸어 한 번에 100원인 게임을 4번 했습니다. 남은 100원짜리 동전은 몇 개입니까?

( )

유형 2 모두 몇인지 알아보기

빨대가 1000개씩 3묶음, 100개씩 15묶음, 10개씩 12묶음, 낱개 9개가 있습니다. 빨대는 모두 몇 개입니까?

풀이 100개씩 15묶음은 1000개씩 1묶음, 100개씩 □묶음입니다. 10개씩 12묶음은 100개씩 1묶음, 10개씩 □묶음입니다. 빨대는 1000개씩 4묶음, 100개씩 □묶음, 10개씩 2묶음, 낱개 9개이므로 모두 □개입니다.

▶ 쏙쏙원리
100이 15개인 수는 1000이 1개, 100이 5개인 수입니다.

답 ....

2-1 구슬이 1000개씩 5상자, 100개씩 11상자, 10개씩 16상자, 낱개 5개가 있습니다. 구슬은 모두 몇 개입니까?

( )

2-2 색종이가 1000장씩 4묶음, 100장씩 32묶음, 10장씩 25묶음, 낱개 9장이 있습니다. 색종이는 모두 몇 장입니까?

( )

2-3 볼펜이 1000개씩 6묶음, 100개씩 24묶음, 10개씩 9묶음, 낱개 13개가 있습니다. 볼펜은 모두 몇 개입니까?

( )

유형 3 수 카드로 네 자리 수 만들기

5장의 수 카드 중에서 4장을 골라 한 번씩만 사용하여 네 자리 수를 만들려고 합니다. 천의 자리 숫자가 3인 가장 큰 네 자리 수를 구하시오.

7 5 1 3 8

풀이 □을 천의 자리에 먼저 놓고 나머지 수 중에서 큰 수부터 차례로 백의 자리에 □, 십의 자리에 □, 일의 자리에 □를 놓습니다. 따라서 천의 자리 숫자가 3인 가장 큰 네 자리 수는 □입니다.

▶ 쏙쏙원리
가장 큰 네 자리 수는 높은 자리에 큰 숫자부터 차례로 놓습니다.

답

3-1 5장의 수 카드 중에서 4장을 골라 한 번씩만 사용하여 네 자리 수를 만들려고 합니다. 만들 수 있는 수 중 가장 작은 수를 구하시오.

7 4 2 0 9

(   )

3-2 5장의 수 카드 중에서 4장을 골라 한 번씩만 사용하여 네 자리 수를 만들려고 합니다. 만들 수 있는 수 중 두 번째로 작은 수를 구하시오.

3 6 8 1 5

(   )

유형 4 크기를 비교하여 □ 안에 들어갈 수 있는 수 구하기

1부터 9까지의 수 중에서 □ 안에 들어갈 수 있는 수는 모두 몇 개입니까?

35□9＜3542

풀이 두 수의 천의 자리 숫자와 백의 자리 숫자는 각각 같고, 일의 자리 숫자를 비교하면 9＞□이므로 □ 안에는 □보다 작은 수가 들어가야 합니다. 따라서 □ 안에 들어갈 수 있는 수는 모두 □개입니다.

▶쏙쏙원리
높은 자리 숫자부터 차례로 비교합니다.

답

4-1 1부터 9까지의 수 중에서 □ 안에 들어갈 수 있는 수는 모두 몇 개입니까?

6371＞□482

(　　　　　　)

4-2 0부터 9까지의 수 중에서 □ 안에 들어갈 수 있는 수는 모두 몇 개입니까?

7365＞7□45

(　　　　　　)

유형 5 뛰어 세는 규칙을 찾아 알맞은 수 구하기

뛰어 세는 규칙을 찾아 ㉠에 알맞은 수를 구하시오.

3684 — 4684 — ☐ — 6684 — ☐ — ㉠

풀이 3684에서 4684로 1번 뛰어 세어 ☐의 자리 숫자가 1 커졌으므로 ☐씩 뛰어 세는 규칙입니다.

6684에서 1000씩 뛰어 세면

6684 — ☐ — ☐이므로 ㉠에 알맞은 수는 ☐입니다.

▶ 쏙쏙원리
어느 자리의 숫자가 얼마씩 커지는지 알아 봅니다.

답

5-1 6187에서 몇씩 5번 뛰어 세었더니 6237이 되었습니다. 몇씩 뛰어 센 것입니까?

(   )

5-2 뛰어 세는 규칙을 찾아 ㉠, ㉡에 알맞은 수를 구하시오.

8372 — ㉠ — 8272 — ☐ — 8172 — ☐ — ☐ — ㉡

㉠ (   ), ㉡ (   )

유형 6 조건에 맞는 네 자리 수 구하기

다음 조건을 만족하는 네 자리 수를 구하시오.

- 4000보다 크고 5000보다 작습니다.
- 백의 자리 숫자는 5이고 일의 자리 숫자는 백의 자리 숫자보다 2 작습니다.
- 십의 자리 숫자는 일의 자리 숫자보다 3 큽니다.

풀이

첫 번째 조건에서 4000보다 크고 5000보다 작으므로 천의 자리 숫자는 ☐입니다.

두 번째 조건에서 일의 자리 숫자는 백의 자리 숫자보다 2 작으므로 ☐입니다.

세 번째 조건에서 십의 자리 숫자는 일의 자리 숫자보다 3 크므로 ☐입니다.

따라서 조건을 모두 만족하는 네 자리 수는 ☐입니다.

▶ 쏙쏙원리
주어진 조건에 맞게 각 자리의 숫자를 한 개씩 찾습니다.

답

6-1 다음 조건을 만족하는 네 자리 수를 구하시오.

- 7000보다 크고 8000보다 작습니다.
- 일의 자리 숫자는 8이고 십의 자리 숫자는 일의 자리 숫자보다 큽니다.
- 각 자리의 숫자의 합은 30입니다.

(   )

유형 7 몇 개까지 살 수 있는지 구하기

공책이 한 권에 1200원입니다. 8000원으로 이 공책을 몇 권까지 살 수 있습니까?

풀이 공책 한 권의 값은 1200원이므로 1200씩 뛰어 세면

1200 — 2400 — ☐ — ☐ — ☐
1권 2권 3권 4권 5권

— ☐ — 8400입니다.
6권 7권

따라서 공책을 ☐ 권까지 살 수 있습니다.

▶ 쏙쏙원리
8000이 넘지 않을 때까지 1200씩 뛰어 센 횟수를 알아 봅니다.

답

7-1 빵이 한 개에 1700원입니다. 7000원으로 이 빵을 몇 개까지 살 수 있습니까?

( )

7-2 가위가 한 개에 1600원입니다. 가위를 5개 사려는데 7500원밖에 없다면 얼마가 더 필요합니까?

( )

7-3 하린이가 가지고 있는 돈은 다음과 같습니다. 돈을 남기지 않고 한 병에 1500원인 주스를 사려면 적어도 얼마의 돈이 더 있어야 합니까?

1000원짜리	100원짜리
8장	7개

( )

종합응용력완성

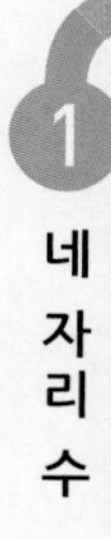

01 각 자리 숫자가 모두 다른 네 자리 수 중에서 가장 큰 수의 백의 자리 숫자가 나타내는 수를 ㉠, 가장 작은 수의 십의 자리 숫자가 나타내는 수를 ㉡이라 할 때, ㉠＋㉡을 구하시오.

(　　　　　　　　)

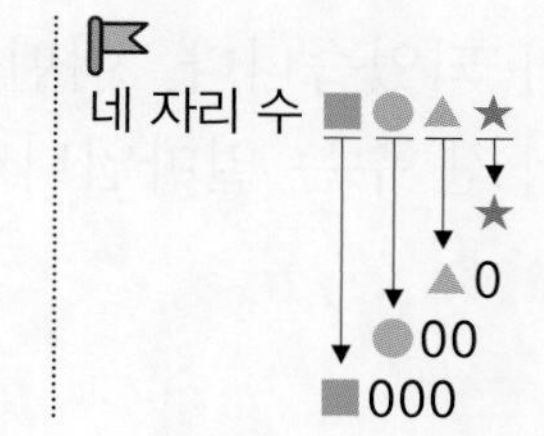

02 수 카드 중에서 4장을 뽑아 한 번씩만 사용하여 네 자리 수를 만들려고 합니다. 만들 수 있는 가장 작은 수와 세 번째로 작은 수 사이에 있는 수는 모두 몇 개입니까?

5 2 4 7 8

(　　　　　　　　)

●와 ■ 사이의 수에 ●와 ■는 포함되지 않습니다.

03 1000이 3개, 100이 45개, 10이 53개, 1이 12개인 수에서 커지는 규칙으로 150씩 6번 뛰어 세기 한 수를 구하시오.

(　　　　　　　　)

04 어떤 수에서 커지는 규칙으로 50씩 7번 뛰어 세었더니 4581이 되었습니다. 어떤 수에서 작아지는 규칙으로 10씩 6번 뛰어 센 수는 얼마입니까?

( )

05 승주가 사고 싶은 만화책의 가격은 8700원입니다. 승주는 지금까지 3000원을 모았습니다. 1주일에 1000원씩 모은다면 만화책을 사기 위해 몇 주일을 모아야 합니까?

( )

8700원이거나 8700원보다 더 모아야 합니다.

06 천의 자리 숫자가 3, 십의 자리 숫자가 6, 일의 자리 숫자가 7인 수 중에서 3667보다 크고 3809보다 작은 수를 구하시오.

( )

천의 자리 숫자가 3, 십의 자리 숫자가 6, 일의 자리 숫자가 7인 수는 3■67입니다.

07 6598부터 거꾸로 뛰어 세기를 하고 있습니다. 규칙에 따라 계속 뛰어 세었을 때 5700에 가장 가까운 수는 얼마입니까?

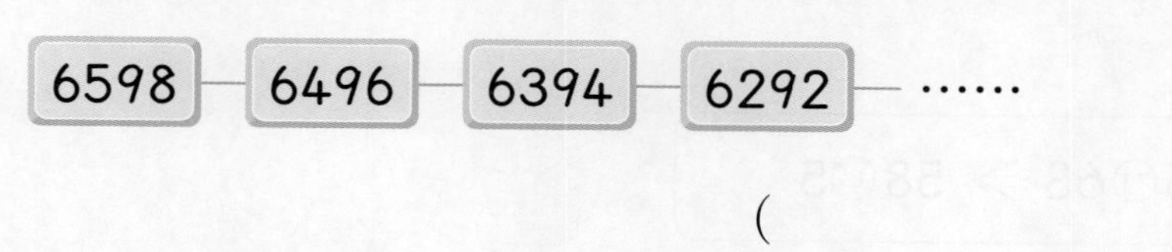

(　　　　　　　　)

규칙을 찾아 5700에 가장 가까운 수가 나올 때까지 계속 뛰어 세어 봅니다.

08 지혜는 1000원짜리 지폐 1장과 500원짜리 동전 3개, 100원짜리 동전 13개, 10원짜리 동전 25개를 가지고 있습니다. 지혜가 가지고 있는 돈으로 500원짜리 탱탱볼을 사려고 합니다. 탱탱볼을 몇 개까지 살 수 있는지 풀이 과정을 쓰고 답을 구하시오.

풀이

답

09 큰 수부터 차례로 기호를 쓰시오.

㉠ 5□54　㉡ 61□9　㉢ 630□　㉣ 503□

(　　　　　　　　)

높은 자리부터 차례로 비교합니다.

10 다음은 네 자리 수의 크기를 비교한 것입니다. ㉠, ㉡에 들어갈 두 숫자의 쌍을 (㉠, ㉡)으로 나타낼 때, 그 쌍은 모두 몇 가지입니까?

5㉠63 > 58㉡5

( )

11 8050보다 크고 9350보다 작은 네 자리 짝수 중에서 십의 자리 숫자가 백의 자리 숫자의 3배인 수는 모두 몇 개입니까?
(단, 백의 자리, 십의 자리 숫자는 0이 아닙니다.)

( )

짝수는 일의 자리 숫자가 0, 2, 4, 6, 8입니다.

12 어느 공장에 모자가 1450개 있습니다. 이 모자를 매일 700개씩 판매하고, 1000개씩 새로 만듭니다. 모자를 판매한 지 며칠째 되는 날에 공장에 있는 모자가 3000개를 넘습니까?

( )

먼저 하루에 늘어나는 모자의 수를 구합니다.

최상위실력완성

A급 노트

1 네 자리 수

01 다음 수 카드 중에서 5장을 뽑아 한 번씩만 사용하여 네 자리 수를 만들었더니 두 번째로 작은 수가 1246이었습니다. 뽑은 5장의 수 카드를 모두 구하시오.

(　　　　　　　　　)

02 어느 가게의 메뉴입니다. 이 가게에서 주스는 반드시 주문해야 합니다. 9500원으로 주문할 수 있는 방법은 몇 가지인지 구하시오. (단, 같은 메뉴는 한 번만 주문하며, 돈을 다 사용하지 않아도 됩니다.)

1. 딸기주스 ➡ 4500원	2. 오렌지주스 ➡ 3500원
3. 호두쿠키 ➡ 2000원	4. 초코쿠키 ➡ 1500원
5. 땅콩쿠키 ➡ 2000원	6. 아몬드쿠키 ➡ 2500원

(　　　　　　　　　)

03 각 자리 숫자의 합이 33보다 큰 네 자리 수는 모두 몇 개입니까?

( )

04 다음 조건을 만족하는 네 자리 수는 모두 몇 개입니까?

- 5000보다 크고 6000보다 작습니다.
- 십의 자리 숫자와 일의 자리 숫자의 합은 13입니다.
- 백의 자리 숫자는 십의 자리 숫자보다 작습니다.

( )

05 2070부터 2500까지 수를 차례대로 쓸 때, 숫자 8은 몇 번 쓰게 되는지 구하시오.

( )

A급 노트

이 단원에서 완성할 내용

유형	내용
유형 1	여러 가지 방법으로 곱셈하기
유형 2	수 카드로 곱셈식 만들기
유형 3	모두 얼마인지 구하기
유형 4	점수 구하기
유형 5	□가 있는 곱의 크기 비교하기
유형 6	조건을 만족하는 수 구하기

2. 곱셈구구

1 2, 5단 곱셈구구

(1) 2단 곱셈구구

×	1	2	3	4	5	6	7	8	9
2	2	4	6	8	10	12	14	16	18

+2 +2 +2 +2 +2 +2 +2 +2

2단 곱셈구구에서 곱하는 수가 1씩 커지면 그 곱은 2씩 커집니다.

(2) 5단 곱셈구구

×	1	2	3	4	5	6	7	8	9
5	5	10	15	20	25	30	35	40	45

+5 +5 +5 +5 +5 +5 +5 +5

5단 곱셈구구에서 곱하는 수가 1씩 커지면 그 곱은 5씩 커집니다.

2 3, 6단 곱셈구구

(1) 3단 곱셈구구

×	1	2	3	4	5	6	7	8	9
3	3	6	9	12	15	18	21	24	27

+3 +3 +3 +3 +3 +3 +3 +3

3단 곱셈구구에서 곱하는 수가 1씩 커지면 그 곱은 3씩 커집니다.

(2) 6단 곱셈구구

×	1	2	3	4	5	6	7	8	9
6	6	12	18	24	30	36	42	48	54

+6 +6 +6 +6 +6 +6 +6 +6

6단 곱셈구구에서 곱하는 수가 1씩 커지면 그 곱은 6씩 커집니다.

+ 개념

- 2단 곱셈구구의 곱의 일의 자리 숫자는 2, 4, 6, 8, 0입니다.
- ■×●
  =■+■+……+■+■ (●번)
- 5단 곱셈구구의 곱의 일의 자리 숫자는 5 또는 0입니다.
- 6이 3의 2배이므로 6단 곱셈구구의 곱은 3단 곱셈구구의 곱의 2배입니다.

개념

더블체크

정답 및 풀이 07쪽

개념 1 2, 5단 곱셈구구

01 빈칸에 알맞은 수를 써넣으시오.

×	1	3	4	7	8
2					
5					

개념 1 2, 5단 곱셈구구

02 5단 곱셈구구의 곱은 모두 몇 개입니까?

3 7 10 12 13
15 19 21 25 28
30 35 42 48 49

( )

개념 1 2, 5단 곱셈구구

03 수아는 매일 우유를 2컵씩 마십니다. 8일 동안 마시는 우유는 몇 컵입니까?

( )

개념 2 3, 6단 곱셈구구

04 빈칸에 알맞은 수를 써넣으시오.

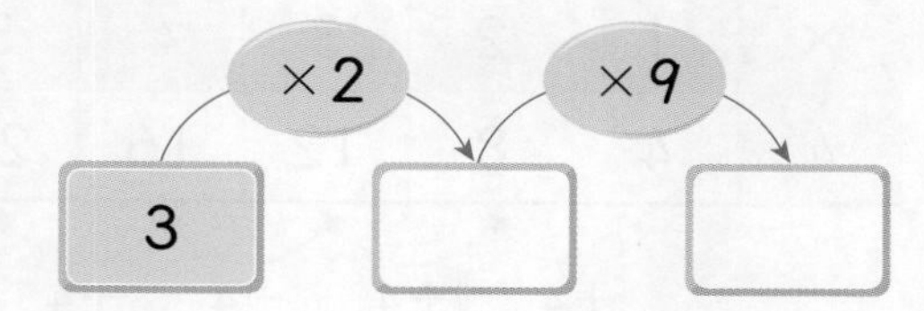

개념 2 3, 6단 곱셈구구

05 □ 안에 알맞은 수를 써넣으시오.

(1) $3 \times \square = 27$

(2) $6 \times \square = 42$

개념 2 3, 6단 곱셈구구

06 한 상자에 빵이 6개씩 들어 있는 상자가 8상자 있습니다. 이 중 2상자가 팔린다면 남는 빵은 몇 개입니까?

( )

+ 개념

3 4, 8단 곱셈구구

(1) 4단 곱셈구구

×	1	2	3	4	5	6	7	8	9
4	4	8	12	16	20	24	28	32	36

+4 +4 +4 +4 +4 +4 +4 +4

4단 곱셈구구에서 곱하는 수가 1씩 커지면 그 곱은 4씩 커집니다.

(2) 8단 곱셈구구

×	1	2	3	4	5	6	7	8	9
8	8	16	24	32	40	48	56	64	72

+8 +8 +8 +8 +8 +8 +8 +8

8단 곱셈구구에서 곱하는 수가 1씩 커지면 그 곱은 8씩 커집니다.

8이 4의 2배이므로 8단 곱셈구구의 곱은 4단 곱셈구구의 곱의 2배입니다.

4 7, 9단 곱셈구구

(1) 7단 곱셈구구

×	1	2	3	4	5	6	7	8	9
7	7	14	21	28	35	42	49	56	63

+7 +7 +7 +7 +7 +7 +7 +7

7단 곱셈구구에서 곱하는 수가 1씩 커지면 그 곱은 7씩 커집니다.

(2) 9단 곱셈구구

×	1	2	3	4	5	6	7	8	9
9	9	18	27	36	45	54	63	72	81

+9 +9 +9 +9 +9 +9 +9 +9

9단 곱셈구구에서 곱하는 수가 1씩 커지면 그 곱은 9씩 커집니다.

■단 곱셈구구에서는 곱하는 수가 1씩 커지면 곱이 ■씩 커집니다.

정답 및 풀이 07쪽

개념 3 4, 8단 곱셈구구

07 4단 곱셈구구의 곱이 아닌 것은? (　　　)

① 12　② 16　③ 24
④ 32　⑤ 34

개념 3 4, 8단 곱셈구구

08 □ 안에 알맞은 수를 써넣으시오.

(1) $4 \times 4 = 8 \times \square$

(2) $\square \times 6 = 8 \times 3$

[09~10] 곱의 크기를 비교하여 ○ 안에 >, =, <를 알맞게 써넣으시오.

개념 3 4, 8단 곱셈구구

09 4×7 ○ 8×3

개념 4 7, 9단 곱셈구구

10 9×6 ○ 7×8

개념 4 7, 9단 곱셈구구

11 ㉠과 ㉡의 합을 구하시오.

7 × ㉠ = 42, 9 × ㉡ = 45

(　　　)

개념 4 7, 9단 곱셈구구

12 | 보기 |와 같이 수 카드를 한 번씩만 사용하여 □ 안에 알맞은 수를 써넣으시오.

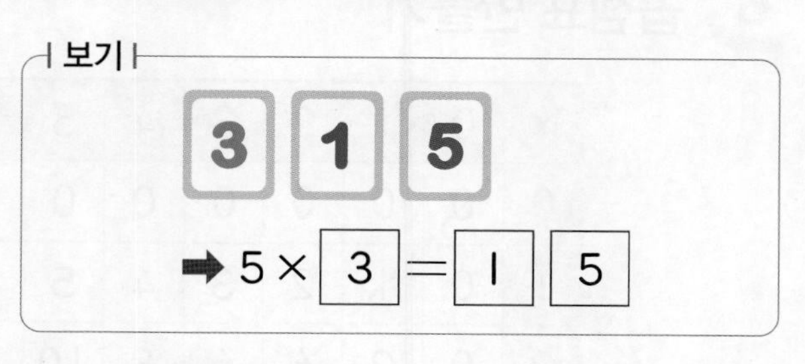

개념 4 7, 9단 곱셈구구

13 복숭아는 한 바구니에 7개씩 7바구니 있고, 사과는 한 상자에 9개씩 4상자 있습니다. 어느 것이 몇 개 더 많습니까?

(　　　), (　　　)

+ 개념

5 1단 곱셈구구와 0의 곱

(1) 1단 곱셈구구

×	1	2	3	4	5	6	7	8	9
1	1	2	3	4	5	6	7	8	9

1과 어떤 수의 곱은 항상 어떤 수가 됩니다.

➡ 1 × (어떤 수) = (어떤 수), (어떤 수) × 1 = (어떤 수)

(2) 0의 곱

0과 어떤 수의 곱, 어떤 수와 0의 곱은 항상 0입니다.

➡ 0 × (어떤 수) = 0, (어떤 수) × 0 = 0

- 1단 곱셈구구에서 곱하는 수와 곱이 서로 같습니다.

6 곱셈표 만들기

×	0	1	2	3	4	5	6	7	8	9
0	0	0	0	0	0	0	0	0	0	0
1	0	1	2	3	4	5	6	7	8	9
2	0	2	4	6	8	10	12	14	16	18
3	0	3	6	9	12	15	18	21	24	27
4	0	4	8	12	16	20	24	28	32	36
5	0	5	10	15	20	25	30	35	40	45
6	0	6	12	18	24	30	36	42	48	54
7	0	7	14	21	28	35	42	49	56	63
8	0	8	16	24	32	40	48	56	64	72
9	0	9	18	27	36	45	54	63	72	81

(1) ■단 곱셈구구의 곱은 ■씩 커집니다.

(2) 점선(---)을 따라 접었을 때 만나는 곱셈구구의 곱이 같습니다.

3 × 7 = 21, 7 × 3 = 21

➡ 곱셈에서 곱하는 두 수의 순서를 바꾸어도 곱은 같습니다.

(3) 곱이 짝수로 커지는 곱셈구구는 2단, 4단, 6단, 8단입니다.

- 같은 수를 여러 가지 곱으로 나타낼 수 있습니다.
12를 여러 가지 곱으로 나타내면
2 × 6 = 12, 6 × 2 = 12,
3 × 4 = 12, 4 × 3 = 12

정답 및 풀이 07쪽

개념 5 | 1단 곱셈구구와 0의 곱

14 □ 안에 알맞은 수를 써넣으시오.

(1) $1 \times 2 = \square$

(2) $8 \times 0 = \square$

(3) $\square \times 5 = 5$

(4) $7 \times \square = 0$

개념 5 | 1단 곱셈구구와 0의 곱

15 준서가 친구 8명에게 책을 한 권씩 선물하려고 합니다. 책은 모두 몇 권 필요합니까?

( )

개념 5 | 1단 곱셈구구와 0의 곱

16 농구공을 던져서 골대에 넣으면 1점, 넣지 못하면 0점입니다. 농구공을 10번 던져서 6번을 넣으면 몇 점입니까?

( )

개념 6 | 곱셈표 만들기

[17~19] 곱셈표를 보고 물음에 답하시오.

×	4	5	6	7	8	9
4			㉠			
5						
6						
7						
8						
9					㉡	

17 빨간색 선으로 둘러싸인 부분의 빈칸을 채우고, 수들의 규칙을 설명하시오.

( )

18 곱셈표에서 4×9와 곱이 같은 곱셈구구를 모두 찾아 쓰시오.

( )

19 점선을 따라 접었을 때 ㉠과 만나는 칸의 수와 ㉡과 만나는 칸의 수를 차례로 구하시오.

( ), ( )

2 곱셈구구

STEP C 교과서유형완성

유형 1 여러 가지 방법으로 곱셈하기

5 × 8의 곱을 여러 가지 방법으로 구한 것입니다. ●와 ■의 곱을 구하시오.

5 × 8 = 5 × 2 + 5 × ●
5 × 8 = ■ + ■ + ■ + ■ + ■ + ■ + ■ + ■

풀이 5 × 8은 5를 2번 더한 것과 ☐번 더한 것의 합과 같으므로 5 × 8 = 5 × 2 + 5 × ☐입니다.
5 × 8은 5를 8번 더한 것과 같으므로
5 × 8 = ☐ + ☐ + ☐ + ☐ + ☐ + ☐ + ☐ + ☐입니다.
따라서 ● = ☐, ■ = ☐이므로 ● × ■ = ☐입니다.

▶ 쏙쏙원리
★단 곱셈구구는 곱하는 수가 1씩 커지면 곱이 ★씩 커집니다.

답

1-1 4 × 7을 여러 가지 방법으로 구한 것입니다. ●와 ▲를 각각 구하시오.

4 × 7 = 4 × ● − 4
4 × 7 = 4 × 3 + 4 × ▲

● (　　　　　　), ▲ (　　　　　　)

1-2 세 사람이 9 × 6을 서로 다른 방법으로 구한 것입니다. ■ + ▲ − ●를 구하시오.

- 승희: 9 × ■를 세 번 더했습니다.
- 하은: 9 × 5에 ▲를 더했습니다.
- 준영: 9 × 3과 9 × ●을 더했습니다.

(　　　　　　)

유형 2 수 카드로 곱셈식 만들기

4장의 수 카드 중에서 2장을 뽑아 두 수의 곱을 구하려고 합니다. 가장 작은 곱을 구하시오.

8 2 7 5

풀이 네 수의 크기를 비교하면 □ < □ < □ < □ 입니다.
곱이 가장 작게 되려면 가장 작은 수 □와 두 번째로 작은 수 □를 곱하면 되므로 □ × 5 = □ 입니다.

▶ 쏙쏙원리
곱이 가장 작게 되려면 가장 작은 수와 두 번째로 작은 수를 곱합니다.

답

2-1 4장의 수 카드 중에서 2장을 뽑아 두 수의 곱을 구하려고 합니다. 가장 큰 곱을 구하시오.

(　　　　　　　)

2-2 5장의 수 카드 중에서 2장을 뽑아 두 수의 곱을 구하려고 합니다. 가장 큰 곱과 가장 작은 곱의 합을 구하시오.

(　　　　　　　)

유형 3 모두 얼마인지 구하기

다인이는 연습장에 사각형 2개와 삼각형 5개를 그렸습니다. 다인이가 그린 사각형과 삼각형의 꼭짓점은 모두 몇 개입니까?

풀이 사각형은 꼭짓점이 □개이므로 사각형 2개의 꼭짓점은
□ × 2 = □(개)입니다.
삼각형은 꼭짓점이 □개이므로 삼각형 5개의 꼭짓점은
□ × 5 = □(개)입니다.
따라서 그린 사각형과 삼각형의 꼭짓점은 모두
□ + □ = □(개)입니다.

▶ 쏙쏙원리
사각형의 꼭짓점의 수는 4개이고, 삼각형의 꼭짓점의 수는 3개입니다.

답

3-1 정우는 세잎클로버 6개와 네잎클로버 3개를 가지고 있습니다. 정우가 가지고 있는 클로버의 잎은 모두 몇 장입니까?

(　　　　　　)

3-2 예나가 만든 초콜릿은 모두 몇 개입니까?

예나

6개짜리 초콜릿 2상자와
4개짜리 초콜릿 5상자를
만들었어.

(　　　　　　)

유형 4 점수 구하기

공을 꺼내어 공에 적힌 수만큼 점수를 얻는 놀이를 하였습니다. 예서가 (0)을 5번, (4)를 3번, (5)를 5번 꺼냈을 때 얻은 점수는 모두 몇 점입니까?

풀이

0을 5번 꺼내서 얻은 점수는 $0 \times 5 =$ ☐(점),

4를 3번 꺼내서 얻은 점수는 $4 \times 3 =$ ☐(점),

5를 5번 꺼내서 얻은 점수는 $5 \times 5 =$ ☐(점)입니다.

예서가 얻은 점수는 ☐ + ☐ + ☐ = ☐(점)

입니다.

▶ 쏙쏙원리

0은 아무리 많이 꺼내도 점수를 얻을 수 없습니다.

답

4-1 수 카드를 뽑아서 카드에 적힌 수만큼 점수를 얻는 놀이를 하였습니다. 다음과 같이 수 카드를 뽑았을 때 모두 몇 점을 얻었습니까?

뽑은 카드	3	5	7	2
뽑은 횟수(번)	1	2	6	0

(　　　　　　)

4-2 건우가 과녁 맞히기 놀이를 한 결과입니다. 건우의 점수가 47점일 때 2점짜리 과녁을 몇 번 맞혔습니까?

점수(점)	0	2	4	5
맞힌 횟수(번)	3		5	3

(　　　　　　)

유형 5 □가 있는 곱의 크기 비교하기

1부터 9까지의 수 중에서 ■ 안에 들어갈 수 있는 수는 모두 몇 개입니까?

$8 \times ■ < 7 \times 4$

풀이 $7 \times 4 = □$

8단 곱셈구구를 해 보면 $8 \times 1 = □$,

$8 \times 2 = □$, $8 \times 3 = □$, $8 \times 4 = □$ ……

입니다.

$8 \times ■ < 28$에서 ■ 안에 들어갈 수 있는 수는

□, □, □의 □개입니다.

▶ 쏙쏙원리
■가 없는 계산을 먼저 해 봅니다.

답

5-1 1부터 9까지의 수 중에서 □ 안에 들어갈 수 있는 가장 큰 수를 구하시오.

$6 \times □ < 8 \times 5$

(　　　　　　)

5-2 1부터 9까지의 수 중에서 □ 안에 공통으로 들어갈 수 있는 수를 구하시오.

$9 \times □ > 5 \times 6$, $7 \times □ < 8 \times 4$

(　　　　　　)

유형 6 조건을 만족하는 수 구하기

다음을 모두 만족하는 수를 구하시오.

- 6×5보다 작습니다.
- 4단 곱셈구구의 값입니다.
- 7단 곱셈구구의 값입니다.

풀이

$6 \times 5 = \square$ 입니다.

4단 곱셈구구는 $4 \times 1 = 4$, $4 \times 2 = 8$,

$4 \times 3 = \square$, $4 \times 4 = \square$, $4 \times 5 = 20$,

$4 \times 6 = \square$, $4 \times 7 = \square$, $4 \times 8 = \square$……

이므로 이 중에서 값이 $\square$ 보다 작으면서 7단 곱셈구구의 값이기도 한 수는 $\square$ 입니다.

▶ 쏙쏙원리
먼저 6×5의 값을 구합니다.

답

6-1 다음을 모두 만족하는 수를 구하시오.

- 6단 곱셈구구의 값 중에서 9×4보다 작습니다.
- 5단 곱셈구구의 값에도 있습니다.

(　　　　　)

6-2 다음을 모두 만족하는 수를 구하시오.

- 8×3보다 크고 8×6보다 작습니다.
- 7단 곱셈구구의 값이고, 숫자 중의 하나는 3입니다.

(　　　　　)

종합응용력완성

01 시은이는 젤리 3개를 먹었고, 주아는 시은이의 2배만큼, 민영이는 주아의 4배만큼 먹었습니다. 세 사람이 먹은 젤리는 모두 몇 개입니까?

( )

(주아가 먹은 젤리 수)
=(시은이가 먹은 젤리 수)×2
(민영이가 먹은 젤리 수)
=(주아가 먹은 젤리 수)×4

02 어떤 수에서 8을 빼야 할 것을 잘못하여 곱했더니 72가 되었습니다. 바르게 계산한 값을 구하시오.

( )

어떤 수를 □로 놓아 식을 세웁니다.

03 공원의 자전거 보관소에 두발자전거와 세발자전거가 모두 15대 있습니다. 바퀴의 수가 38개일 때 어느 자전거가 몇 대 더 많습니까?

( ), ( )

두발자전거와 세발자전거의 수를 예상해서 바퀴 수를 구해 봅니다.

04 어느 문구점에서 연필을 4자루 묶음, 7자루 묶음, 8자루 묶음으로만 팔고 있습니다. 같은 묶음으로만 사서 학생 33명에게 1자루씩 나누어주려고 할 때, 남는 연필을 가장 적게 하려면 몇 자루 묶음을 사야 합니까?

( )

4단, 7단, 8단 곱셈구구에서 33보다 큰 수를 구합니다.

05 귤이 한 상자에 6개씩 7상자 있었습니다. 이 중에서 귤 5개를 먹고 17개를 더 사와 한 상자에 9개씩 담는다면 몇 상자가 됩니까?

( )

06 곱셈표를 수의 순서에 상관없이 쓴 것입니다. 빈칸에 알맞은 수를 써넣으시오.

×		4		
5	35		45	
		24		
8				64

07 3과 8에 각각 같은 수를 곱해서 나온 결과의 차가 35입니다. 곱한 수는 얼마입니까?

( )

각각 같은 수를 곱했을 때의 3단, 8단 곱셈구구를 나열합니다.

08 다음을 모두 만족하는 수를 구하시오.

- 7×3보다 크고 9×5보다 작습니다.
- 6단 곱셈구구의 값입니다.
- 8단 곱셈구구의 값보다 4 큽니다.

( )

먼저 7×3과 9×5의 값을 구합니다.

서술형

09 ●, ▲, ★, ■는 서로 다른 수일 때, ●+▲+★+■의 값을 구하려고 합니다. 풀이 과정을 쓰고 답을 구하시오.

(단, ■는 20보다 작은 수입니다.)

▲×7=56, ★×▲=■, ●×●=■

풀이

답

7단 곱셈구구에서 ▲×7=56이 되는 ▲의 값을 구합니다.

10 5장의 수 카드 중에서 2장을 뽑아 두 수의 곱을 구하였더니 지호가 구한 곱은 0이고, 진수가 구한 곱은 5였습니다. 이와 같은 방법으로 구할 수 있는 두 수의 곱 중 세 번째로 큰 곱을 구하시오.

0과 어떤 수의 곱은 항상 0입니다.

( )

11 한 자리 수 ♣을 ♣번 더하면 3♣이 됩니다. ♣을 구하시오.

( )

□를 □번 더한 것은 □×□입니다.

12 규칙에 따라 구슬을 놓을 때, 다섯 번째에 놓이는 구슬은 모두 몇 개입니까?

몇 개씩 곱해지는지 생각해 봅니다.

첫 번째 두 번째 세 번째 ……

( )

13 9 cm 막대로 7번 잰 길이의 철사가 있습니다. 이 철사로 세 변의 길이가 모두 2 cm인 삼각형 4개를 만들면 남은 철사로 네 변의 길이가 모두 2 cm인 사각형을 몇 개 만들 수 있겠습니까?

( )

철사의 길이를 먼저 구합니다.

14 ㉠, ㉡, ㉢은 서로 다른 한 자리 수이고 ㉠×㉡=18, ㉠×㉢=36입니다. ㉠+㉡+㉢의 값을 구하시오.

( )

곱셈구구에서 곱의 값 18과 36이 같이 있는 단을 찾습니다.

창의 U 융합

15 다음에서 ◉는 일정한 규칙을 나타낼 때, □ 안에 알맞은 수를 써넣으시오.

2◉7=5	5◉4=2
4◉3=3	7◉8=11
3◉6=9	9◉3=9

8◉4=□

최상위실력완성

정답 및 풀이 12쪽

A급 노트

01 딸기, 초코, 바닐라 세 종류의 아이스크림이 나타내는 수를 각각 찾아 모두 더하시오. (단, 같은 종류의 아이스크림은 같은 수를 나타냅니다.)

× = 12

× = 9

× + = 32

( )

02 곱셈표의 규칙을 이용하여 ㉠의 값을 구하시오.

×	7	8	9	10	11	12
7	49	56	63			
8	56	64	72			
9	63	72	81			
10						
11						㉠

( )

03 다음 그림에서 ● 안의 수는 양끝 ◆ 안에 있는 두 수의 곱입니다. ◆ 안에 알맞은 수를 써넣으시오.

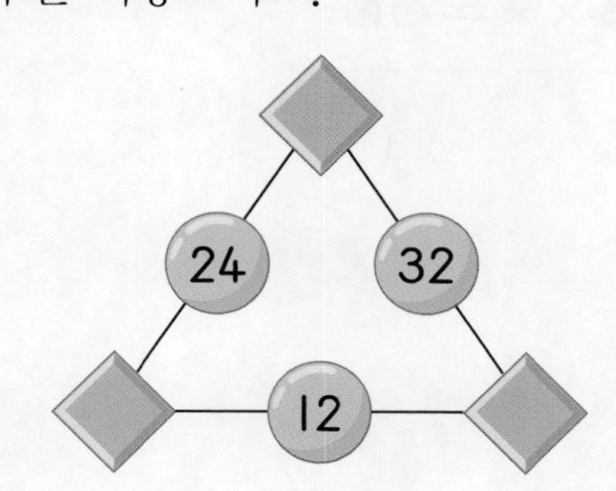

04 사각형의 바닥에 네 변의 길이가 모두 같은 사각형 타일을 빈틈없이 붙였습니다. 주어진 수는 작은 사각형 바닥에 붙인 타일의 수일 때, 바닥에 붙인 타일은 모두 몇 장입니까?

3	
9	6
	10

( )

05 $4\times$㉠과 $8\times$㉡의 일의 자리 숫자는 같습니다. 두 자리 수 ㉠㉡은 모두 몇 개입니까? (단, ㉠, ㉡은 1부터 9까지의 숫자입니다.)

( )

06 ●, ▲, ■, ★은 서로 다른 한 자리 숫자입니다. 다음 두 식을 만족하는 ●, ▲, ■, ★를 한 번씩만 사용하여 네 자리 수를 만들려고 합니다. 만들 수 있는 가장 큰 네 자리 수의 각 자리 숫자의 합을 구하시오.

▲+■=★, ■×★=●■

( )

A급 노트

이 단원에서 완성할 내용

유형 1	□가 있는 수의 크기 비교하기
유형 2	변의 길이의 합 또는 차 구하기
유형 3	거리 구하기
유형 4	길이의 합과 차에서 모르는 수 구하기
유형 5	이어 붙인 테이프의 전체 길이 구하기
유형 6	몸의 일부를 이용하여 길이 어림하기

3. 길이 재기

1 cm보다 더 큰 단위

(1) 1 m 알아보기

100 cm는 1 m와 같습니다. 1 m는 1 미터라고 읽습니다.

(2) 몇 m 몇 cm 알아보기

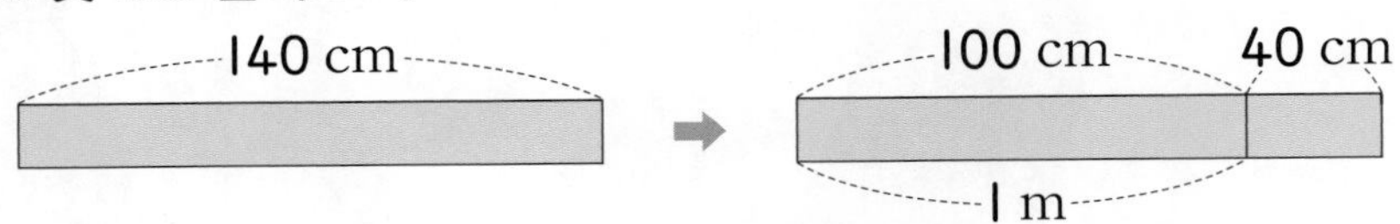

140 cm는 1 m보다 40 cm 더 깁니다.

140 cm를 1 m 40 cm로 씁니다.

1 m 40 cm를 1 미터 40 센티미터라고 읽습니다.

140 cm = 1 m 40 cm

2 자로 길이 재기

(1) 자 비교하기

자	곧은 자	줄자
같은 점	• 길이를 잴 때 사용합니다. • 눈금이 있습니다.	
다른 점	• 곧은 모양입니다. • 길이가 짧습니다.	• 접히거나 휘어집니다. • 길이가 깁니다.

(2) 줄자로 길이 재기

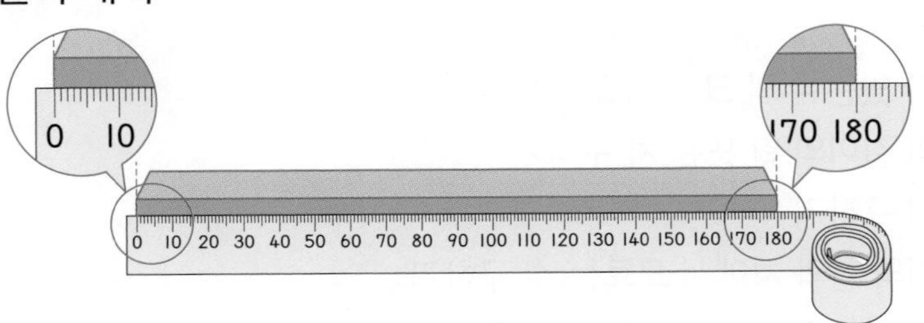

막대의 한끝을 줄자의 눈금 0에 맞추고 막대의 다른 쪽 끝에 있는 줄자의 눈금 140을 읽습니다.

➡ 막대의 길이는 180 cm = 1 m 80 cm입니다.

+ 개념

- 1 미터를 하나 미터라고 읽지 않도록 주의합니다.
- 단위가 다른 길이를 비교할 때에는 단위를 같게 하여 비교합니다.
  예 3 m 80 cm와 371 cm의 길이 비교
  3 m 80 cm = 380 cm이므로
  380 cm > 371 cm
- 길이가 1 m보다 긴 물건의 길이는 줄자를 사용하여 재는 것이 편리합니다.

개념 더블체크

정답 및 풀이 13쪽

개념 1 cm보다 더 큰 단위

01 길이를 바르게 읽어 보시오.

(1) 6 m 4 cm (　　　　　　　　　)

(2) 9 m 50 cm (　　　　　　　　　)

개념 1 cm보다 더 큰 단위

02 □ 안에 알맞은 수를 써넣으시오.

(1) 137 cm = □ cm + 37 cm

= □ m + 37 cm

= □ m □ cm

(2) 3 m 52 cm = □ m + 52 cm

= □ cm + 52 cm

= □ cm

개념 1 cm보다 더 큰 단위

03 □ 안에 알맞은 수를 써넣으시오.

(1) 510 cm = □ m □ cm

(2) 4 m 27 cm = □ cm

(3) 863 cm = □ m □ cm

개념 2 자로 길이 재기

04 침대처럼 1 m보다 긴 물건의 길이를 재는 데 더 편리한 자에 ○표 하시오.

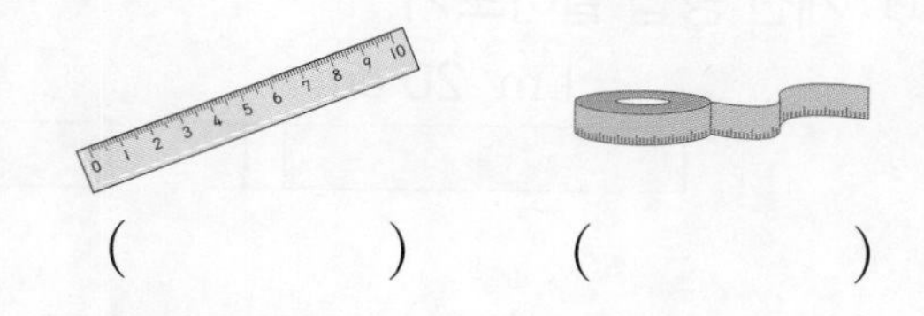

(　　　　) (　　　　)

개념 2 자로 길이 재기

05 자에서 화살표가 가리키는 눈금을 읽어 보시오.

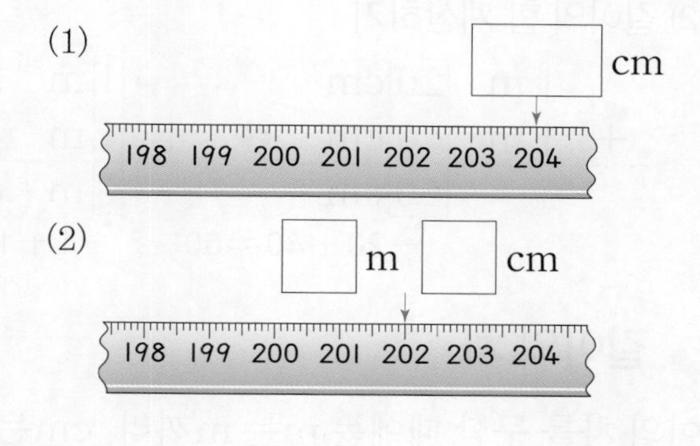

개념 2 자로 길이 재기

06 책상의 긴 쪽의 길이는 몇 m 몇 cm입니까?

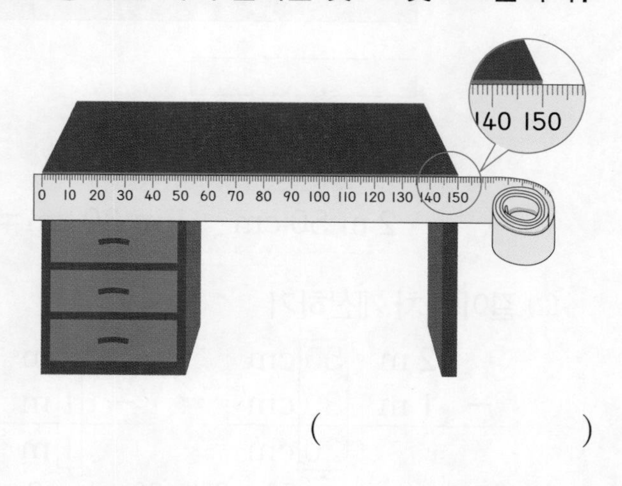

(　　　　　　　　　)

3 길이 재기

3 길이의 합

길이의 합을 구할 때에는 m는 m끼리, cm는 cm끼리 더합니다.

• 1 m 20 cm + 1 m 40 cm 계산하기

(1) 계산 방법 알아보기

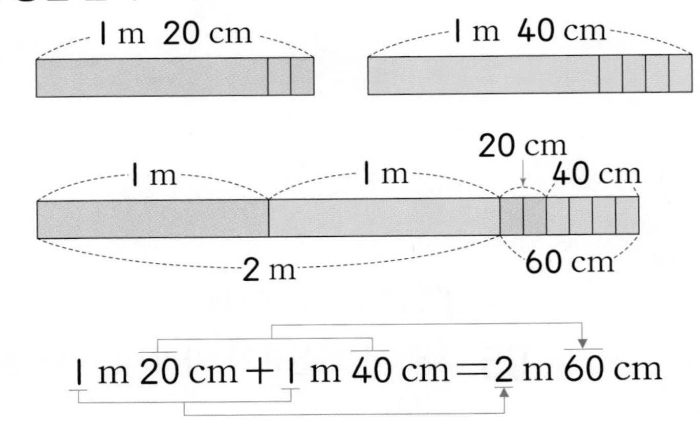

(2) 길이의 합 계산하기

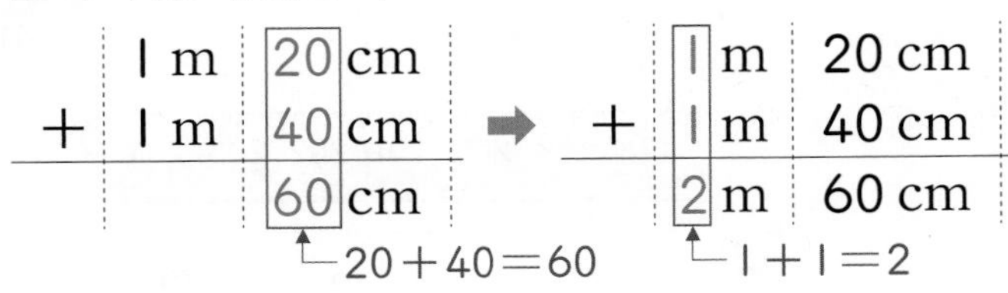

4 길이의 차

길이의 차를 구할 때에는 m는 m끼리, cm는 cm끼리 뺍니다.

• 2 m 50 cm − 1 m 30 cm 계산하기

(1) 계산 방법 알아보기

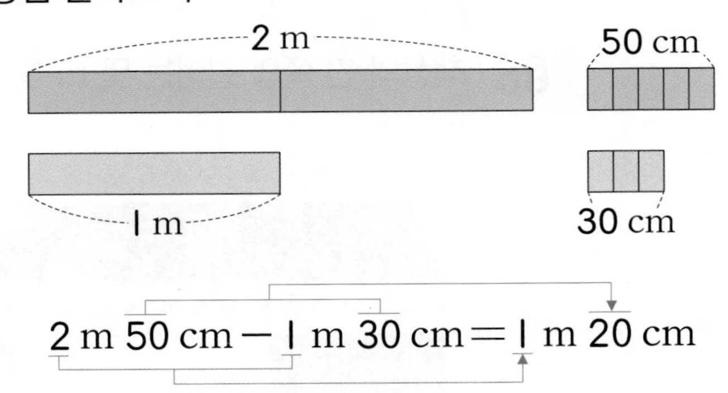

(2) 길이의 차 계산하기

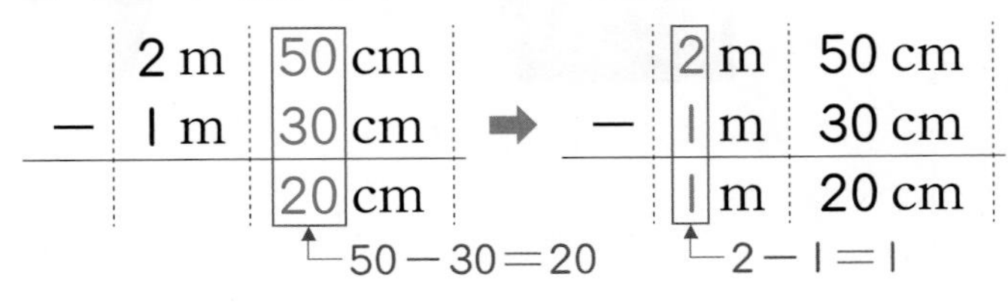

+ 개념

• cm끼리의 합이 100 cm 이거나 100 cm를 넘으면 100 cm를 1 m로 바꾸어 더합니다.

예
```
   1
   2 m 80 cm
 + 1 m 50 cm
 -----------
   4 m 30 cm
```

• cm끼리 뺄 수 없으면 1 m를 100 cm로 바꾸어 뺍니다.

예
```
   4   100
   5 m 40 cm
 − 3 m 70 cm
 -----------
   1 m 70 cm
```

정답 및 풀이 13쪽

개념 3 길이의 합

07 길이의 합을 구하시오.

(1) 2 m 30 cm + 4 m 50 cm
= □ m □ cm

(2) 7 m 34 cm + 3 m 20 cm
= □ m □ cm

개념 3 길이의 합

08 색 테이프의 전체 길이를 구하시오.

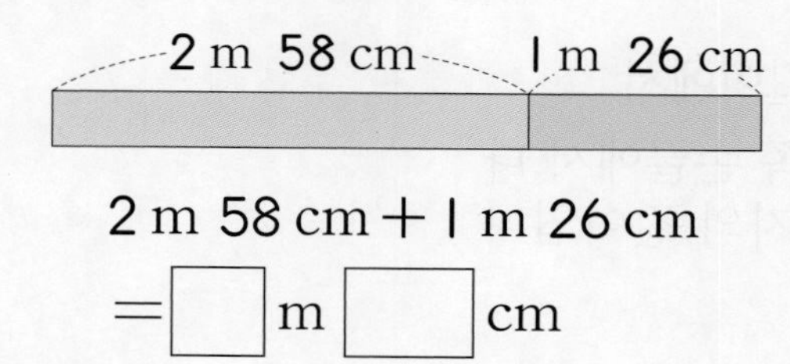

2 m 58 cm + 1 m 26 cm
= □ m □ cm

개념 3 길이의 합

09 바르게 계산한 것에 ○표 하시오.

4 m 30 cm + 2 m = 4 m 32 cm	4 m 30 cm + 2 m = 6 m 30 cm
( )	( )

개념 4 길이의 차

10 길이의 차를 구하시오.

(1)
```
   9 m  83 cm
−  3 m  41 cm
```

(2) 8 m 13 cm − 4 m 7 cm

개념 4 길이의 차

11 □ 안에 알맞은 수를 써넣으시오.

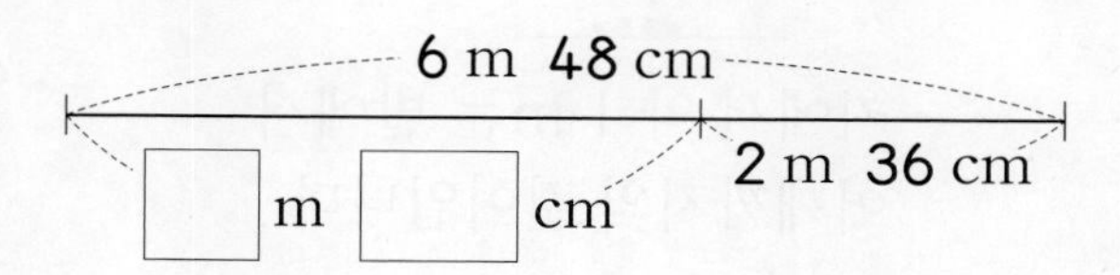

개념 4 길이의 차

12 길이를 비교하여 ○ 안에 >, =, <를 알맞게 써넣으시오.

4 m 53 cm − 2 m 21 cm

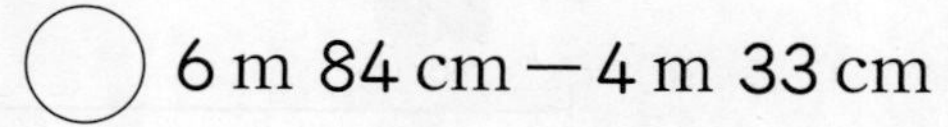
○ 6 m 84 cm − 4 m 33 cm

3 길이 재기

핵심 개념

5 몸의 일부를 이용하여 길이 재기

⑴ 몸의 일부를 이용하여 1 m 재어 보기

① 뼘으로 재어 보기

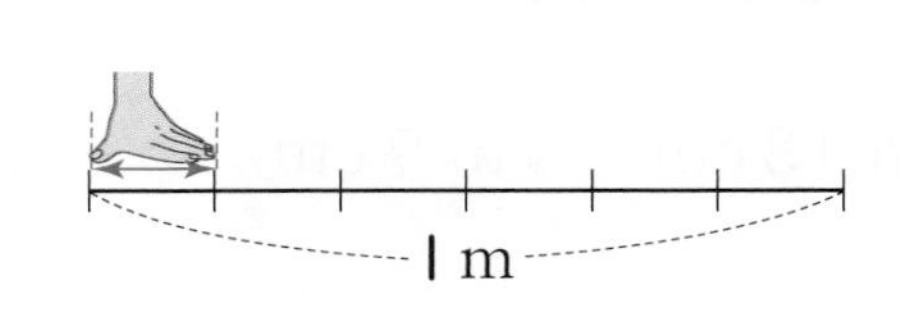

➡ 약 6뼘입니다.

② 걸음으로 재어 보기

1 m

➡ 약 2걸음입니다.

⑵ 몸에서 약 1 m 찾기

예

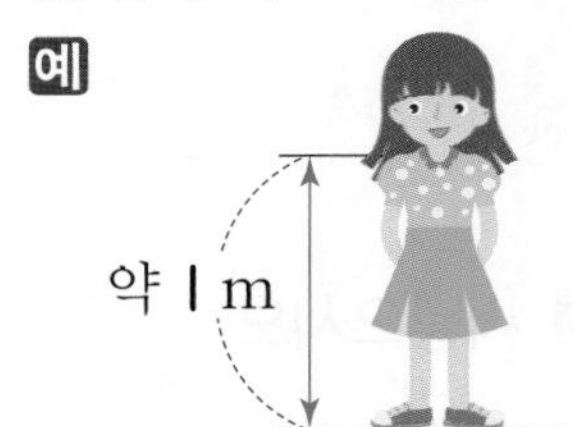

• 키에서 약 1 m는 발에서 어깨까지의 길이입니다.

예

• 양팔을 벌린 길이에서 약 1 m는 한쪽 손끝에서 다른 쪽 손목까지의 길이입니다.

+ 개념

● 손바닥 폭의 길이, 발의 길이, 양팔을 벌린 길이 등으로도 길이를 어림할 수 있습니다.

6 길이 어림하기

• 단위 길이를 잰 횟수만큼 더하면 전체 길이를 어림할 수 있습니다.

예 양팔을 벌려 4번 잰 길이 어림하기

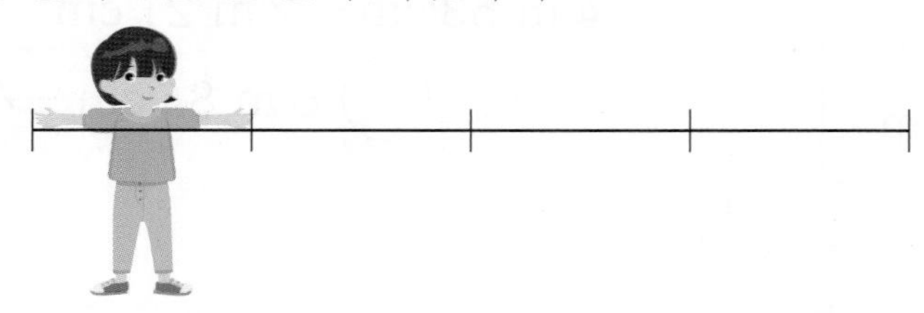

➡ 양팔 사이의 길이가 약 1 m일 때 양팔을 벌려 4번 잰 길이는 약 4 m입니다.

● 어림한 길이를 말할 때에는 숫자 앞에 약을 붙여서 말합니다.

개념 5 몸의 일부를 이용하여 길이 재기

13 한 뼘의 길이가 17 cm일 때, 에어컨의 높이는 약 몇 m 몇 cm입니까?

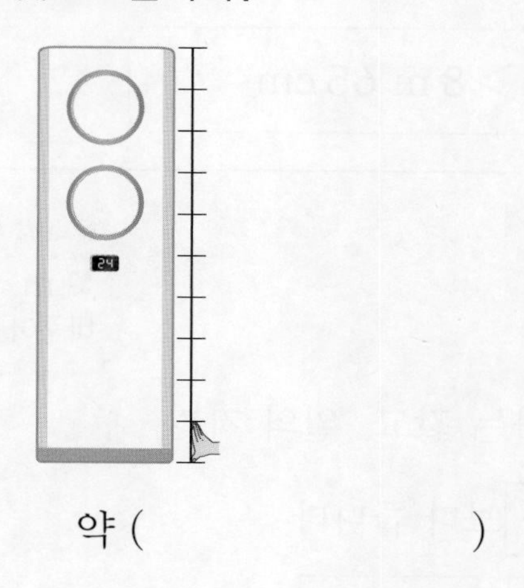

약 (   )

개념 5 몸의 일부를 이용하여 길이 재기

14 칠판의 긴 쪽의 길이를 몸의 일부로 잴 때 여러 번 재어야 하는 것부터 차례로 기호를 쓰시오.

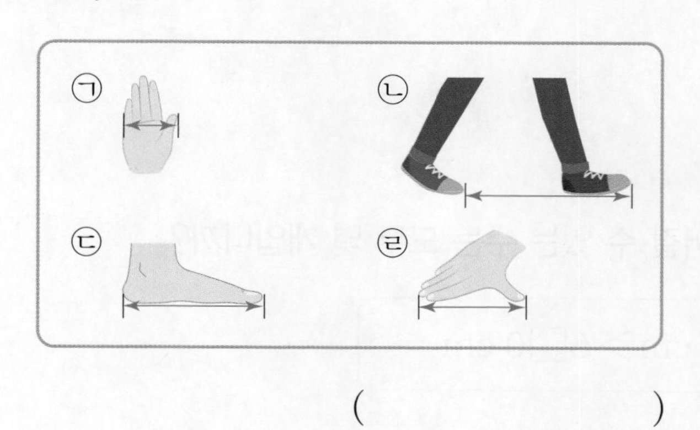

(   )

개념 6 길이 어림하기

15 실제 길이에 가까운 것을 찾아 이어 보시오.

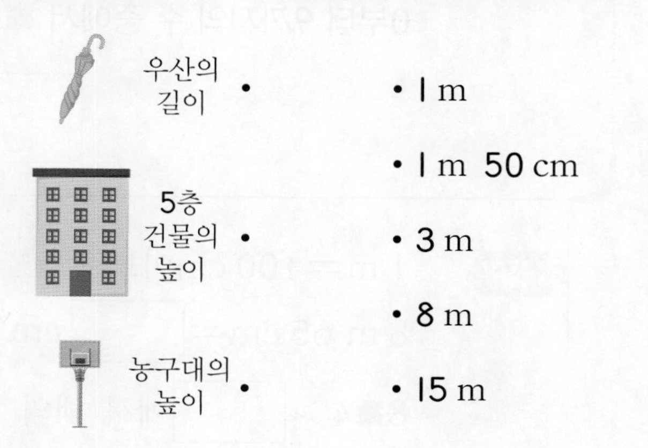

개념 6 길이 어림하기

16 주어진 1 m로 끈의 길이를 어림하였습니다. 어림한 끈의 길이는 약 몇 m입니까?

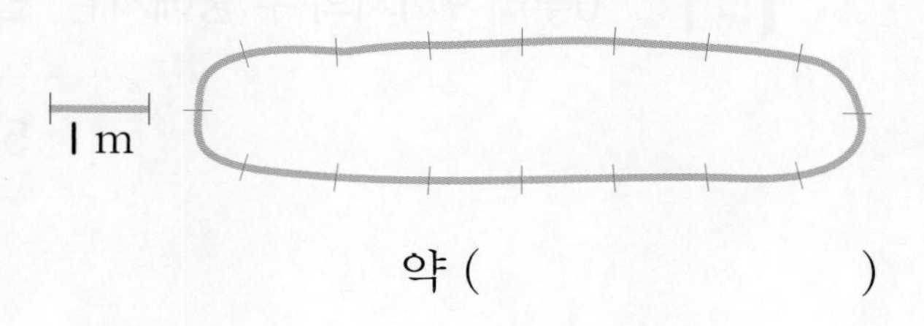

약 (   )

개념 6 길이 어림하기

17 길이가 5 m보다 긴 것을 모두 찾아 기호를 쓰시오.

㉠ 컴퓨터의 가로 길이
㉡ 전철의 길이
㉢ 어머니의 키
㉣ 어른 10명이 양팔을 벌린 길이

(   )

교과서유형완성

유형 1 □가 있는 수의 크기 비교하기

0부터 9까지의 수 중에서 ■에 들어갈 수 있는 수를 모두 구하시오.

8■4 cm＞8 m 65 cm

풀이 1 m＝100 cm이므로

8 m 65 cm＝□ cm입니다.

8■4＞□에서 백의 자리 숫자는 같고, 일의 자리

숫자는 4＜□입니다. 즉 ■는 □보다 큽니다.

따라서 ■에 들어갈 수 있는 수는 □, □, □입니다.

▶ 쏙쏙원리
■ m ▲ cm를 ● cm로 바꾸어 길이를 비교합니다.

답

1-1 0부터 9까지의 수 중에서 □ 안에 들어갈 수 있는 수를 모두 구하시오.

5□3 cm＜5 m 41 cm

(　　　　　　)

1-2 0부터 9까지의 수 중에서 □ 안에 들어갈 수 있는 수는 모두 몇 개입니까?

6 m 34 cm＞6□0 cm

(　　　　　　)

유형 2 변의 길이의 합 또는 차 구하기

오른쪽 삼각형에서 가장 긴 변과 가장 짧은 변의 길이의 합은 몇 m 몇 cm입니까?

2 m 10 cm, 178 cm, 3 m 12 cm

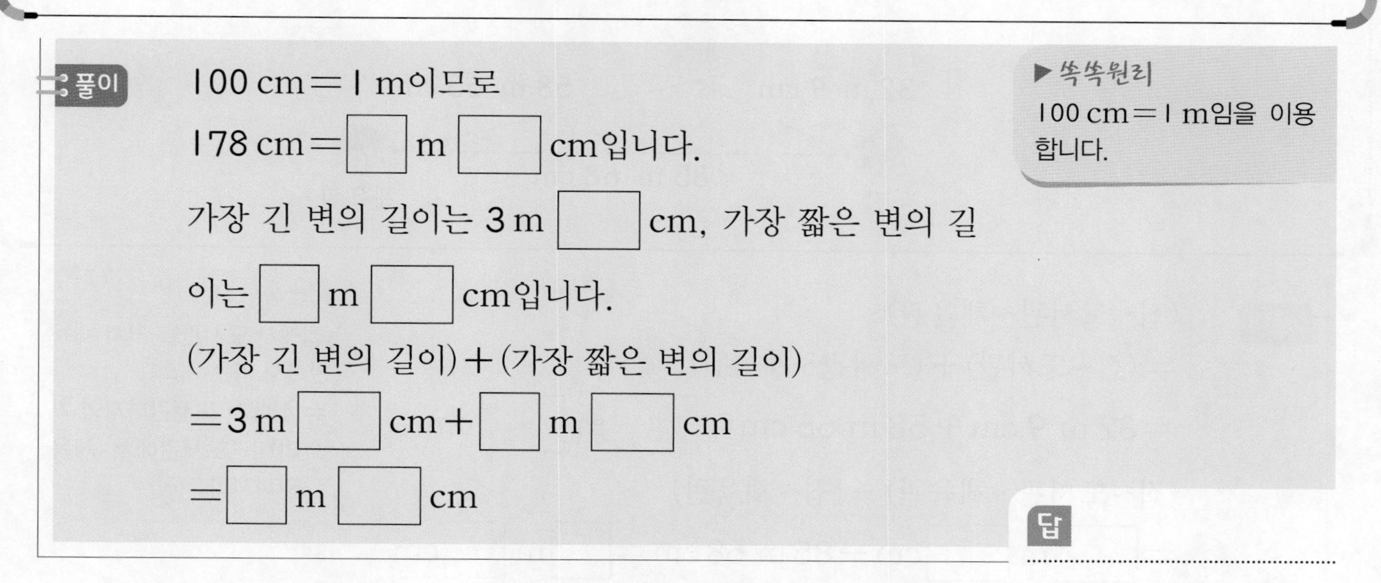
풀이

100 cm＝1 m이므로

178 cm＝☐ m ☐ cm입니다.

가장 긴 변의 길이는 3 m ☐ cm, 가장 짧은 변의 길이는 ☐ m ☐ cm입니다.

(가장 긴 변의 길이)＋(가장 짧은 변의 길이)

＝3 m ☐ cm＋☐ m ☐ cm

＝☐ m ☐ cm

▶ 쏙쏙원리
100 cm＝1 m임을 이용합니다.

답

2-1 오른쪽 삼각형에서 가장 긴 변과 가장 짧은 변의 길이의 차는 몇 m 몇 cm입니까?

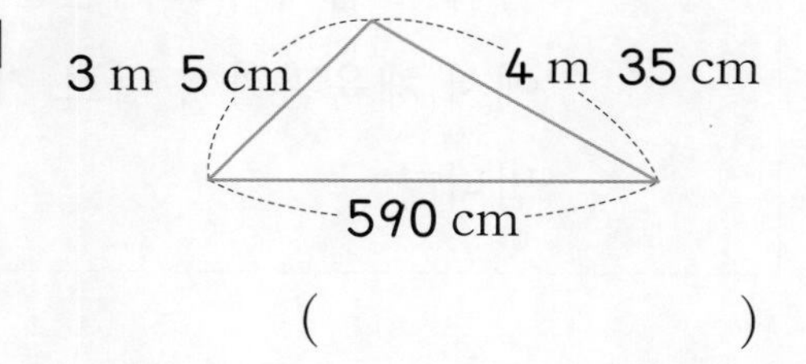

(　　　　　　)

2-2 오른쪽 사각형에서 가장 긴 변과 가장 짧은 변의 길이의 합과 차는 몇 m 몇 cm입니까?

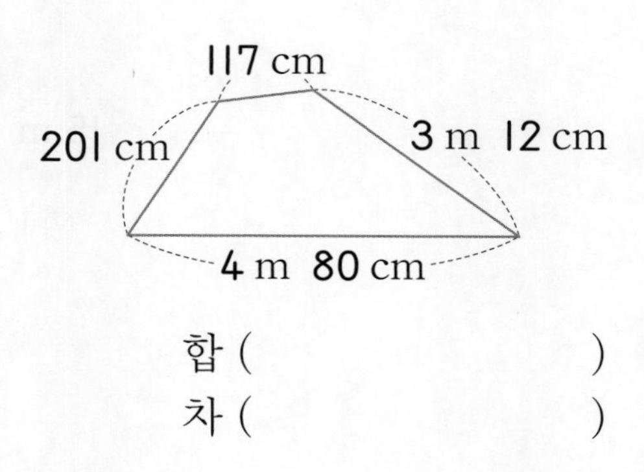

합 (　　　　　　)

차 (　　　　　　)

유형 3 거리 구하기

집에서 도서관을 거쳐 체육관에 가는 거리는 집에서 체육관까지 바로 가는 거리보다 몇 m 몇 cm 더 멉니까?

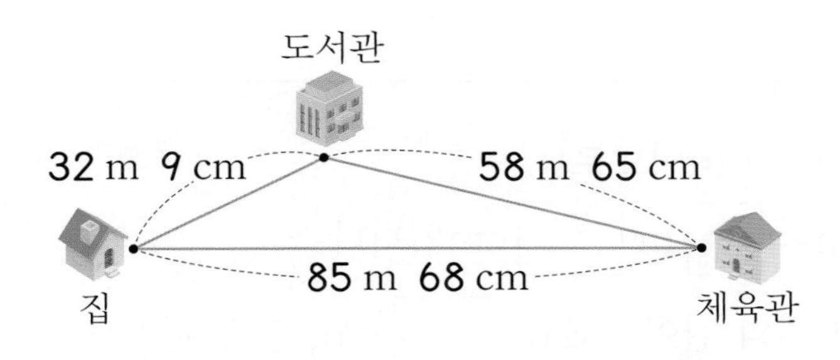

풀이 (집~도서관~체육관)
=(집~도서관)+(도서관~체육관)
=32 m 9 cm+58 m 65 cm=☐ m ☐ cm
(집~도서관~체육관)−(집~체육관)
=☐ m ☐ cm−85 m 68 cm=☐ m ☐ cm
따라서 집에서 도서관을 거쳐 체육관까지 가는 거리는 집에서 체육관까지 바로 가는 거리보다 ☐ m ☐ cm 더 멉니다.

▶ 쏙쏙원리
(집에서 도서관을 거쳐 체육관까지 가는 거리)
=(집에서 도서관까지의 거리)+(도서관에서 체육관까지의 거리)

답

3-1 학교에서 공원까지 가려고 합니다. 편의점과 우체국 중에서 어느 곳을 거쳐 가는 것이 몇 m 몇 cm 더 가깝습니까?

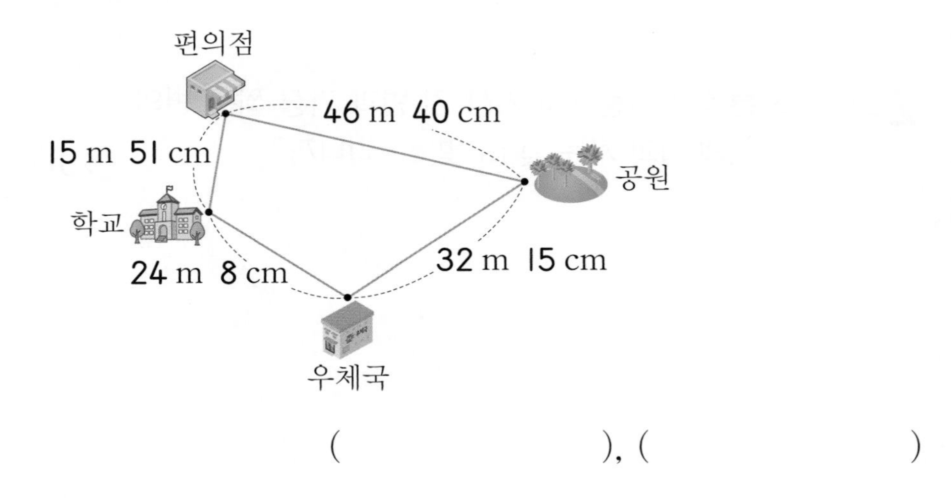

( ), ( )

유형 4 길이의 합과 차에서 모르는 수 구하기

●와 ▲에 알맞은 수를 각각 구하시오.

	8 m	● cm
+	▲ m	23 cm
	13 m	51 cm

풀이 cm끼리 더하여 ●에 알맞은 수를 구하면
●＋23＝51에서
51－□＝●, ●＝□
m끼리 더하여 ▲에 알맞은 수를 구하면
8＋▲＝13에서 □－8＝▲, ▲＝□

▶ 쏙쏙원리
cm는 cm끼리, m는 m끼리 계산합니다.

답

4-1 ◆와 ♥에 알맞은 수를 각각 구하시오.

(1)

	5 m	◆ cm
+	♥ m	19 cm
	9 m	75 cm

◆ (　　　　)
♥ (　　　　)

(2)

	◆ m	20 cm
−	3 m	♥ cm
	3 m	45 cm

◆ (　　　　)
♥ (　　　　)

4-2 □ 안에 알맞은 수를 써넣으시오.

□m 13 cm－2 m □cm＝508 cm

유형 5 이어 붙인 테이프의 전체 길이 구하기

길이가 1 m 56 cm인 색 테이프 2장을 그림과 같이 25 cm만큼 겹치게 이어 붙였습니다. 이어 붙인 색 테이프의 전체 길이는 몇 m 몇 cm입니까?

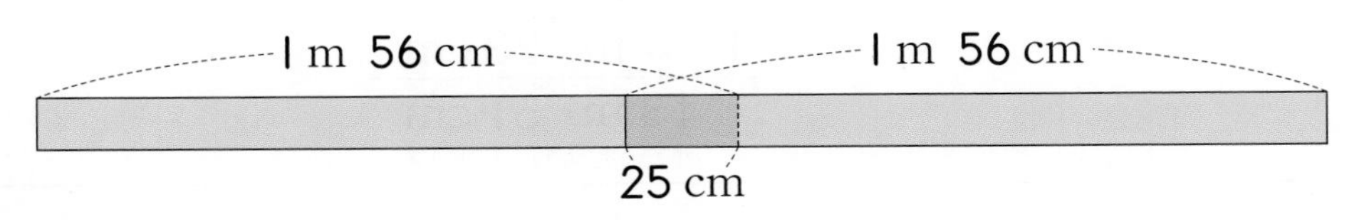

풀이 (색 테이프 2장의 길이의 합)

= 1 m 56 cm + 1 m 56 cm = □ m □ cm

색 테이프 2장은 □ 군데가 겹치므로

(이어 붙인 색 테이프의 전체 길이)

= (색 테이프 2장의 길이의 합) − (겹쳐진 부분의 길이)

= □ m □ cm − □ cm

= □ m □ cm

▶ 쏙쏙원리
색 테이프를 겹치게 이어 붙이면 겹쳐진 부분만큼 전체 길이가 줄어듭니다.

답

5-1 길이가 3 m 18 cm인 색 테이프 3장을 그림과 같이 42 cm씩 겹치게 이어 붙였습니다. 이어 붙인 색 테이프의 전체 길이는 몇 m 몇 cm입니까?

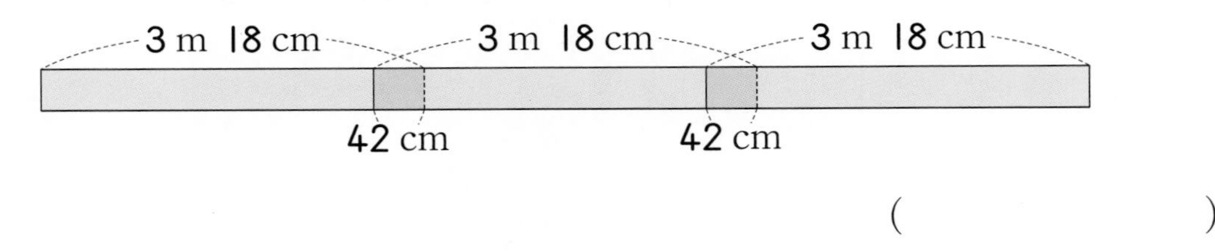

(　　　　　　)

5-2 길이가 2 m 52 cm인 색 테이프 3장을 그림과 같이 30 cm씩 겹치게 이어 붙였습니다. 이어 붙인 색 테이프의 전체 길이는 몇 m 몇 cm입니까?

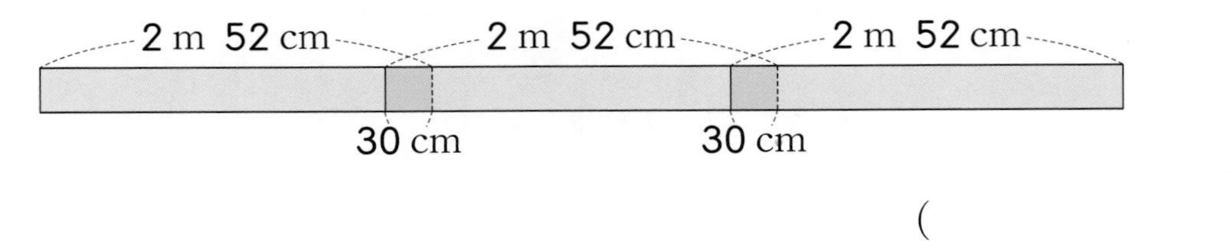

(　　　　　　)

유형 6 몸의 일부를 이용하여 길이 어림하기

세아의 한 걸음은 40 cm입니다. 세아가 배구 코트의 길이를 걸음으로 재었더니 긴 쪽의 길이는 약 30걸음, 짧은 쪽의 길이는 약 15걸음이었습니다. 배구 코트의 긴 쪽과 짧은 쪽의 길이는 약 몇 m입니까?

풀이 배구 코트의 긴 쪽의 길이는 40 cm를 ☐번 더한 것과 같습니다.

40 cm + 40 cm + …… + 40 cm + 40 cm (30번)

= ☐ cm = ☐ m ➡ 약 ☐ m

짧은 쪽의 길이는 40 cm를 ☐번 더한 것과 같습니다.

40 cm + 40 cm + …… + 40 cm + 40 cm (15번)

= ☐ cm = ☐ m ➡ 약 ☐ m

▶ 쏙쏙원리
▲걸음의 길이는 걸음의 길이를 ▲번 더한 것과 같습니다.

답

6-1 유하의 한 뼘은 12 cm이고 태민이의 한 뼘은 16 cm입니다. 냉장고의 높이를 태민이의 뼘으로 재면 약 9번일 때 유하의 뼘으로 재면 약 몇 번입니까?

( )

6-2 방의 긴 쪽의 길이는 양팔을 벌린 길이로 약 4번 잰 것보다 한 걸음의 길이만큼 더 됩니다. 방의 긴 쪽의 길이는 약 몇 m 몇 cm입니까?

양팔을 벌린 길이: 108 cm
한 걸음의 길이: 35 cm

( )

3 길이 재기

종합응용력완성

01 길이가 긴 것부터 차례로 기호를 쓰시오.

단위를 같게 고친 후 길이를 비교합니다.

㉠ 351 cm	㉡ 3 m 98 cm
㉢ 5 m 4 cm	㉣ 416 cm

( )

02 길이가 30 cm, 45 cm인 리본이 2개 있습니다. 30 cm인 리본으로 6번 잰 길이를 45 cm인 리본으로 재면 몇 번입니까?

( )

03 길이가 17 m 20 cm인 철사를 구부려 도형을 만들려고 합니다. 만들 수 없는 도형을 찾아 기호를 쓰시오. (단, 한 도형에서 변의 길이는 모두 같습니다.)

먼저 각 도형의 모든 변의 길이의 합을 구합니다.

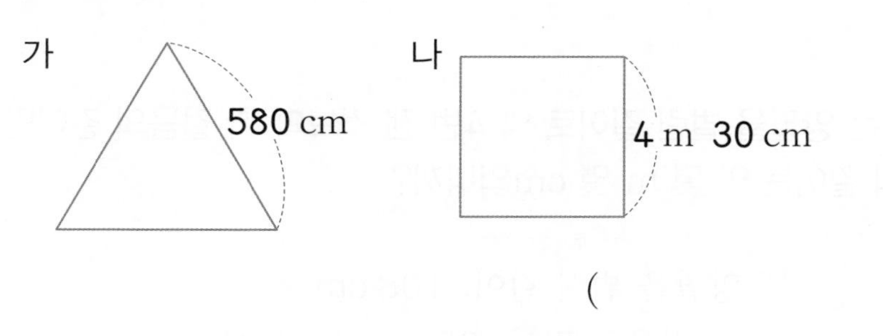

( )

04 가로등의 높이는 2 m 70 cm입니다. 세 건물 가, 나, 다를 높은 건물부터 차례로 쓰시오.

> ●의 3배는 ●를 3번 더한 것과 같습니다.

- 가: 가로등의 높이의 2배보다 1 m 27 cm 더 높습니다.
- 나: 가로등의 높이의 3배보다 2 m 38 cm 더 낮습니다.
- 다: 가로등의 높이에 1 m 14 cm를 3번 더한 것과 같습니다.

( )

05 직선 도로의 한쪽에 처음부터 끝까지 6 m 30 cm 간격으로 8그루의 나무를 심었습니다. 이 직선 도로의 길이는 몇 m 몇 cm입니까? (단, 나무의 두께는 생각하지 않습니다.)

> 8그루를 심었을 때 나무와 나무 사이의 간격은 7군데입니다.

( )

06 그림과 같이 길이가 서로 다른 색 테이프 10장을 겹치지 않게 이어 붙였습니다. ㉮, ㉯, ㉰의 길이의 합은 몇 m 몇 cm입니까?

> 전체 길이를 구한 후 ㉮, ㉯, ㉰의 길이를 구합니다.

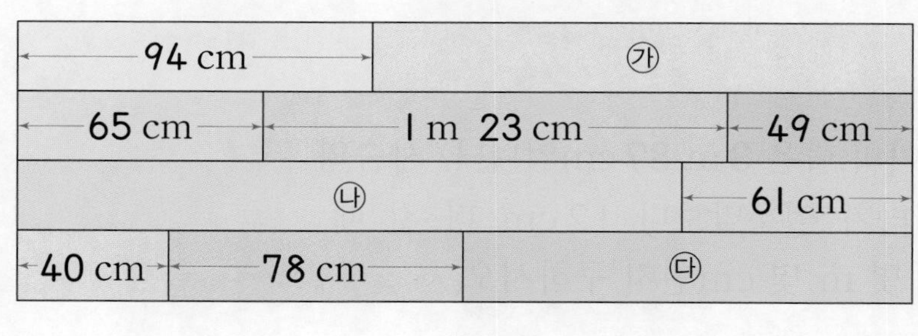

( )

07 학생들이 가진 테이프 중 셋째로 긴 테이프가 ㉠ m ㉡ cm일 때, ㉠+㉡의 값을 구하시오.

> 지은, 성호, 민후, 혜은이의 순서로 길이를 구합니다.

성호: 내가 가진 테이프는 지은이가 가진 테이프보다 113 cm가 더 길고 민후가 가진 테이프보다 82 cm 짧습니다.
혜은: 내가 가진 테이프는 민후가 가진 테이프보다 1 m 20 cm가 더 짧습니다.
지은: 내가 가진 테이프는 344 cm보다 61 cm 더 깁니다.

(　　　　　　)

08 다음 수 카드 중에서 3장을 뽑아 한 번씩만 사용하여 □m □□cm인 길이를 만들려고 합니다. 만들 수 있는 세 번째로 짧은 길이와 네 번째로 긴 길이의 차를 구하시오.

> 주어진 수 카드의 크기를 비교하여 만들어 봅니다.

5 6 1 9 3

(　　　　　　)

09 사슴, 얼룩말, 치타의 몸길이의 합은 3 m 87 cm입니다. 사슴의 몸길이는 119 cm이고 치타가 얼룩말보다 12 cm 더 길 때, 치타와 얼룩말의 몸길이는 몇 m 몇 cm인지 구하시오.

치타 (　　　　　　), 얼룩말 (　　　　　　)

10 은우는 1분에 60 m 70 cm씩 걷고 민서는 2분에 100 m 50 cm씩 걷습니다. 두 사람이 똑같이 10분을 걷는다면 누가 몇 m 몇 cm 더 많이 걷습니까?

( ), ( )

은우는 1분에 60 m 70 cm씩 걸으므로 2분에 121 m 40 cm씩 걷습니다.

서술형

11 길이가 78 cm인 색 테이프 4장을 한 줄로 겹치게 이어 붙였더니 전체 길이가 2 m 88 cm가 되었습니다. 몇 cm만큼씩 겹치게 이어 붙인 것인지 풀이 과정을 쓰고 답을 구하시오.

색 테이프 4장을 이어 붙이면 겹치는 부분은 3군데입니다.

풀이

답

12 집에서 안경점을 거쳐 마트까지 가는 거리는 몇 m 몇 cm인지 구하시오.

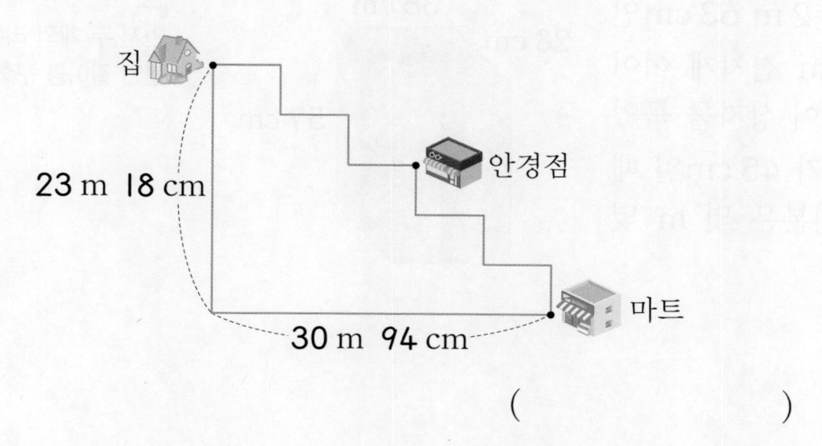

( )

13 승우와 주하는 길이가 7 m 56 cm인 교실의 긴 쪽을 걸음으로 재었습니다. 승우는 왼쪽부터 9걸음을 재고 동시에 주하는 오른쪽부터 9걸음을 재었더니 승우와 주하의 발끝끼리 만났습니다. 승우의 한 걸음이 주하의 한 걸음보다 10 cm 더 길다면 승우의 한 걸음의 길이는 몇 cm입니까?

( )

(승우의 9걸음)+(주하의 9걸음)
=7 m 56 cm

14 ㉮, ㉯, ㉰, ㉱ 4개의 막대가 있습니다. ㉮는 ㉯보다 17 cm 길고 ㉯는 ㉰보다 7 cm 짧고, ㉰는 ㉱보다 16 cm 깁니다. 막대 4개의 길이를 모두 더하면 3 m 51 cm일 때, ㉮, ㉯, ㉰, ㉱ 네 막대의 길이는 몇 cm인지 구하시오.

㉮ ( ), ㉯ ( ), ㉰ ( ), ㉱ ( )

㉱의 길이를 □ cm로 놓고 나머지 막대의 길이를 □를 사용하여 나타냅니다.

15 길이가 2 m 54 cm, 2 m 63 cm인 두 개의 리본을 8 cm 겹치게 이어 붙인 후 오른쪽과 같이 상자를 묶었습니다. 매듭의 길이가 45 cm일 때 상자를 묶고 남은 리본은 몇 m 몇 cm입니까?

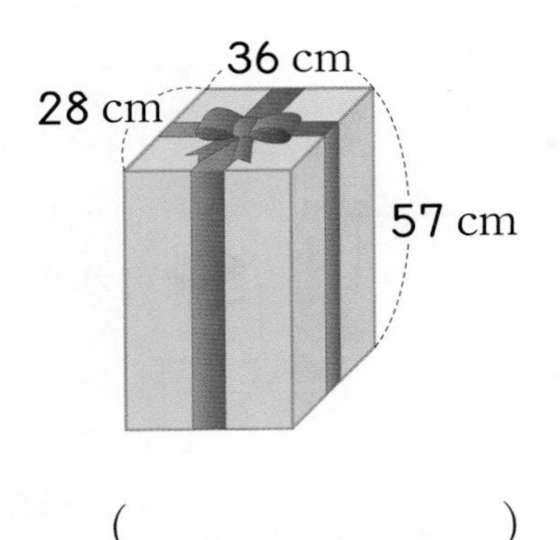

( )

먼저 두 개의 리본을 겹치게 이어 붙인 길이를 구합니다.

최상위실력완성

정답 및 풀이 19쪽

01 연서는 1분 동안 48 m 75 cm를 앞으로 걷고 다시 1분 동안 25 m 40 cm를 뒤로 걷는 것을 반복하고 있습니다. 걷기 시작한 지 9분 후 연서는 출발점에서 몇 m 몇 cm 떨어져 있습니까?

(단, 연서는 일직선으로만 움직입니다.)

( )

02 ㉮ 끈은 1번 접고, ㉯ 끈은 2번 접어 표시한 곳을 자르려고 합니다. 두 끈 ㉮, ㉯의 길이가 같을 때, ㉠의 값을 구하시오.

(단, 접히는 부분의 길이는 생각하지 않습니다.)

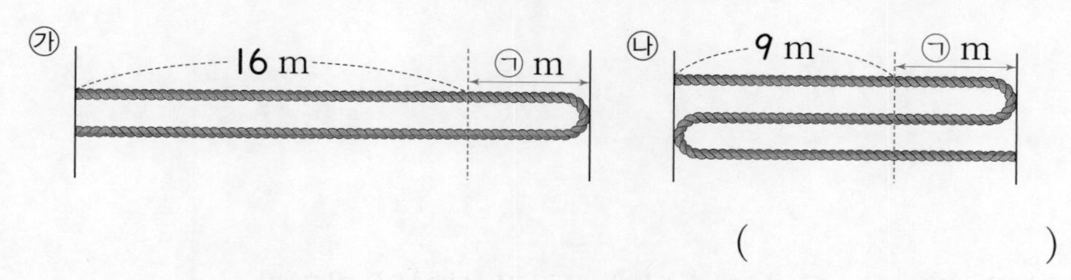

( )

03 길이가 5 m 47 cm인 색 테이프 3장을 12 cm씩 겹치게 한 줄로 이어 붙였습니다. 이어 붙인 테이프를 2 m 39 cm와 1 m 94 cm씩 차례로 번갈아 가며 자르려고 합니다. 처음에 2 m 39 cm를 잘랐다면 규칙에 따라 자를 수 있을 때까지 자르고 남은 색 테이프는 몇 cm입니까?

( )

A급 노트

3 길이 재기

04 윤호는 그림과 같이 일정한 규칙에 따라 걸었습니다. 윤호가 도착한 일곱 번째 지점은 출발 지점에서 서쪽으로 몇 m, 남쪽으로 몇 m입니까?

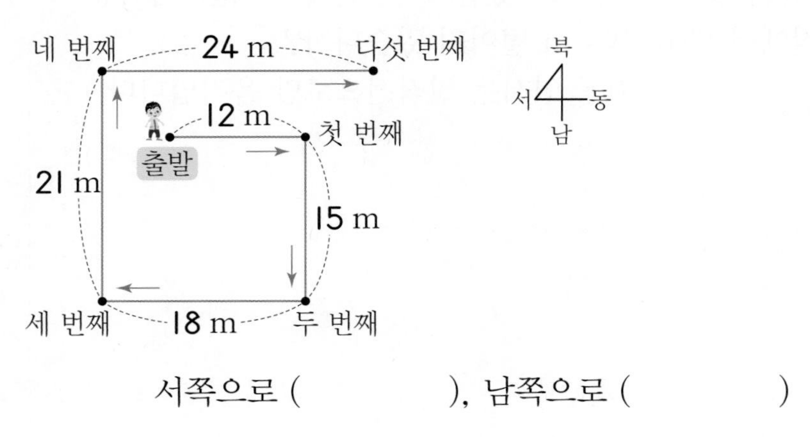

서쪽으로 ( ), 남쪽으로 ( )

05 한 직선 위에 네 점 ㉮, ㉯, ㉰, ㉱가 있습니다. 두 점 사이의 거리가 다음과 같을 때, 점 ㉯와 점 ㉱ 사이의 거리가 될 수 있는 경우를 모두 구하시오.

- 점 ㉮와 점 ㉯ 사이의 거리는 1 m 60 cm입니다.
- 점 ㉮와 점 ㉰ 사이의 거리는 3 m 10 cm입니다.
- 점 ㉰와 점 ㉱ 사이의 거리는 2 m 80 cm입니다.

( )

A급 노트

이 단원에서 완성할 내용

유형 1	거울에 비친 시계의 시각 구하기
유형 2	시작한 시각, 끝나는 시각 구하기
유형 3	걸린 시간 구하기
유형 4	시곗바늘이 □바퀴 돈 후의 시각 구하기
유형 5	열리는 기간 구하기
유형 6	찢어진 달력에서 요일 알아보기
유형 7	고장난 시계의 시각 구하기

4. 시각과 시간

1 몇 시 몇 분 알아보기

(1) 5분 단위의 시각 읽기

① 시계의 긴바늘이 가리키는 숫자가 1이면 5분, 2이면 10분, 3이면 15분……을 나타냅니다.

② 오른쪽 시계에서 짧은바늘이 6과 7 사이를 가리키고, 긴바늘이 2를 가리키므로 6시 10분입니다.

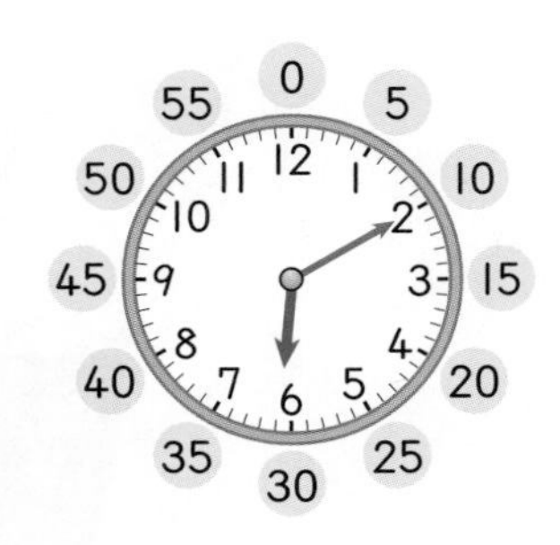

(2) 1분 단위의 시각 읽기

① 시계에서 긴바늘이 가리키는 작은 눈금 한 칸은 1분을 나타냅니다.

② 오른쪽 시계에서 짧은바늘이 10과 11 사이를 가리키고, 긴바늘이 5에서 작은 눈금으로 2칸 더 간 곳을 가리키므로 10시 27분입니다.

+ 개념

시계의 긴바늘이 가리키는 숫자와 분 사이의 관계

숫자	분	숫자	분
1	5분	7	35분
2	10분	8	40분
3	15분	9	45분
4	20분	10	50분
5	25분	11	55분
6	30분	12	0분 (60분)

2 여러 가지 방법으로 시각 읽기

(1) 몇 시 몇 분 전 알아보기

7시 50분은 8시가 되기 10분 전의 시각과 같습니다.

➡ 7시 50분을 8시 10분 전이라고도 합니다.

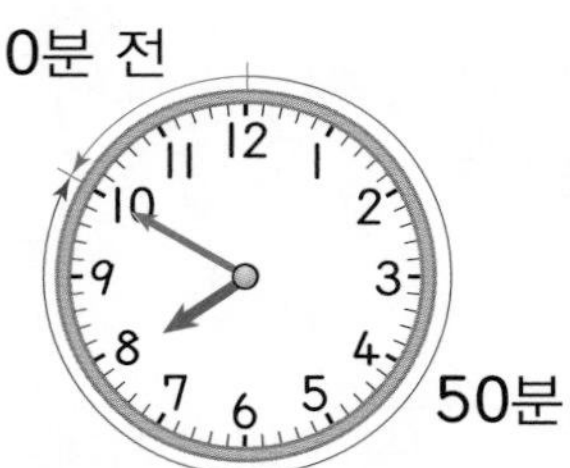

(2) 모형 시계에 나타내기

• 3시 8분 전 나타내기

① 3시 8분 전은 2시 52분입니다.

② 짧은바늘은 2와 3 사이에서 3에 더 가까운 곳을 가리키게 그리고, 긴바늘은 10에서 작은 눈금으로 2칸 더 간 곳을 가리키게 그립니다.

●시를 기준으로 시계의 긴바늘이 시계 반대 방향으로 작은 눈금 ■칸 간 곳을 가리키면 ●시 ■분 전입니다.

개념 **더블체크**

정답 및 풀이 20쪽

개념 1 몇 시 몇 분 알아보기

01 같은 시각을 나타내는 것끼리 이어 보시오.

개념 1 몇 시 몇 분 알아보기

02 4시 27분을 시계에 바르게 나타낸 사람은 누구입니까?

( )

개념 1 몇 시 몇 분 알아보기

03 다음에서 설명하는 시각은 몇 시 몇 분입니까?

시계의 짧은바늘이 5와 6 사이를 가리키고 긴바늘이 4에서 작은 눈금 2칸을 덜 간 곳을 가리킵니다.

( )

개념 2 여러 가지 방법으로 시각 읽기

04 시각을 두 가지 방법으로 읽어 보시오.

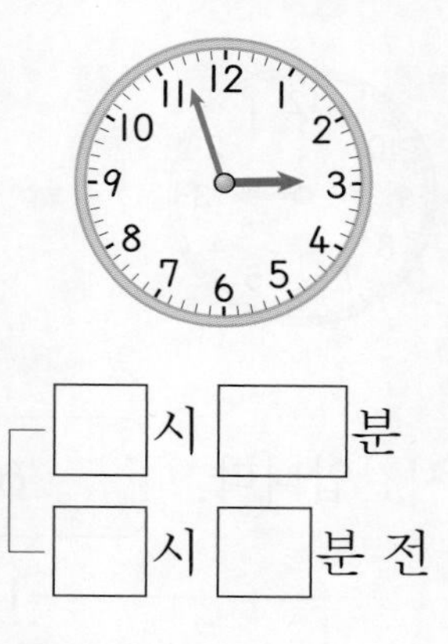

□시 □분

□시 □분 전

개념 2 여러 가지 방법으로 시각 읽기

05 시각에 맞게 시곗바늘을 그려 넣으시오.

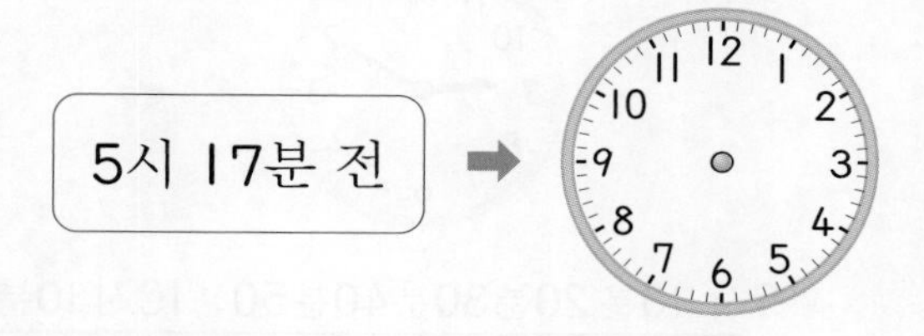

개념 2 여러 가지 방법으로 시각 읽기

06 도훈이가 아침식사를 마친 시각이 8시 14분 전입니다. 도훈이가 아침식사를 마친 시각을 시계에 나타내시오.

4 시각과 시간

핵심 개념

3 I시간 알아보기

(1) 시계의 긴바늘이 한 바퀴 도는 데 60분의 시간이 걸립니다.

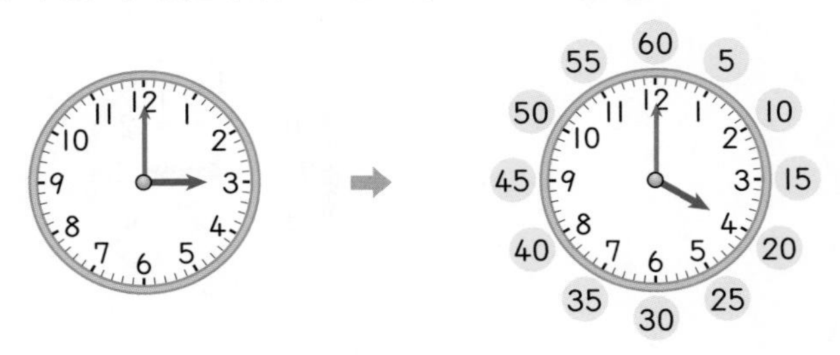

(2) 60분은 I시간입니다.

60분=I시간

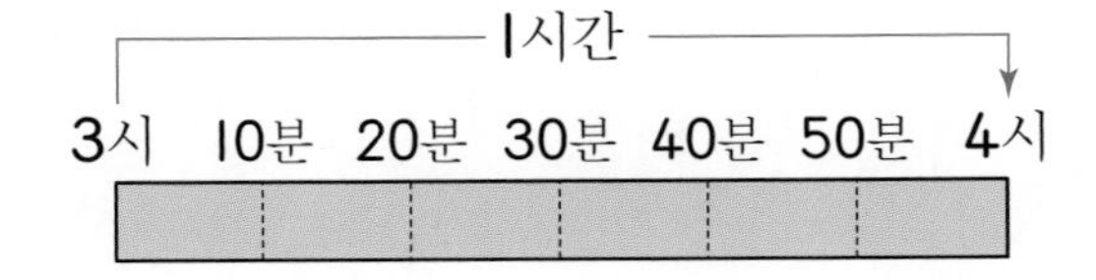

4 걸린 시간 구하기

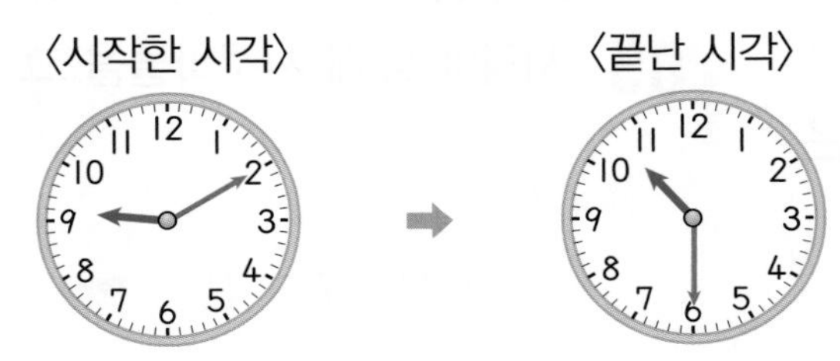

➡ 걸린 시간은 I시간 20분=80분입니다.

5 하루의 시간 알아보기

(1) 오전: 전날 밤 I2시부터 낮 I2시까지

(2) 오후: 낮 I2시부터 밤 I2시까지

(3) 하루는 24시간입니다.

I일=24시간

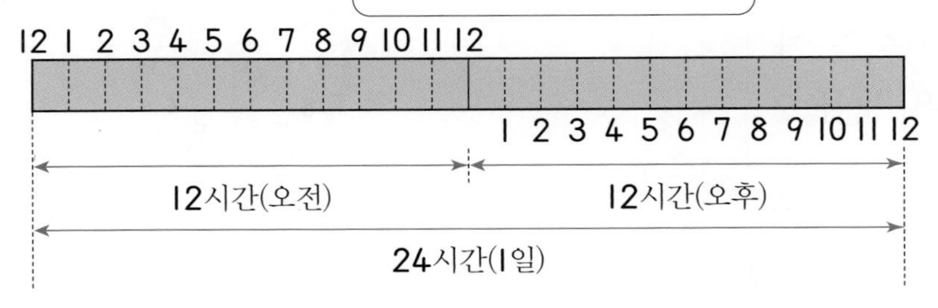

- 긴바늘이 I2에서 시작해서 한 바퀴 도는 동안 짧은바늘은 3에서 4로 한 칸 움직입니다.

- **시각과 시간**
  시각: 어떤 일이 일어난 때
  시간: 어떤 시각에서 어떤 시각까지의 사이

- 오전, 오후를 확실히 구분하기 위해서 낮 I2시와 밤 I2시로 구분합니다.

정답 및 풀이 20쪽

개념 3 I시간 알아보기

07 □ 안에 알맞은 수를 써넣으시오.

(1) I시간 35분=□분

(2) 5시간=□분

(3) I80분=□시간

(4) 250분=□시간 □분

개념 3 I시간 알아보기

08 지민이는 4시 40분부터 I시간 I0분 동안 책을 읽었습니다. 지민이가 책 읽기를 마친 시각은 몇 시 몇 분입니까?

(　　　　　)

개념 4 걸린 시간 알아보기

09 공연이 시작한 시각과 끝난 시각입니다. 공연 시간은 몇 시간 몇 분입니까?

〈시작한 시각〉

〈끝난 시각〉

(　　　　　)

개념 5 하루의 시간 알아보기

10 틀린 것을 찾아 기호를 쓰시오.

㉠ 50시간=2일 2시간
㉡ I일 I5시간=40시간
㉢ 4I시간=3일 5시간
㉣ 2일 I8시간=66시간

(　　　　　)

개념 5 하루의 시간 알아보기

11 오전 8시 30분에서 오후 4시 30분까지 시계의 긴바늘은 모두 몇 바퀴 돕니까?

(　　　　　)

개념 5 하루의 시간 알아보기

12 어제 저녁 9시부터 오늘 새벽 5시까지 잠을 잤습니다. 몇 시간 동안 잤습니까?

(　　　　　)

핵심 개념

6. 달력 알아보기

(1) 1주일은 7일입니다. 1주일＝7일

(2) 달력 알아보기

10월						
일	월	화	수	목	금	토
	1	2	3	4	5	6
7	8	9	10	11	12	13
14	15	16	17	18	19	20
21	22	23	24	25	26	27
28	29	30	31			

+7 +7 +7

① 10월의 달력이고, 10월은 모두 31일입니다.
② 1주일은 일요일, 월요일, 화요일, 수요일, 목요일, 금요일, 토요일 순서로 되어 있습니다.
③ 달력에서 같은 요일이 돌아오려면 7일이 지나야 합니다. 월요일은 1일, 8일, 15일, 22일, 29일입니다.
④ 같은 요일이 돌아오는 데 걸리는 기간을 1주일이라고 합니다.

+ 개념

같은 요일은 7일마다 반복됩니다.

주와 날수 사이의 관계

1주일	7일
2주일	14일
3주일	21일
4주일	28일

7. 1년 알아보기

(1) 1년은 12개월입니다. 1년＝12개월

(2) 각 달의 날수 알아보기

월	1	2	3	4	5	6	7	8	9	10	11	12
날수(일)	31	28(29)	31	30	31	30	31	31	30	31	30	31

2월 29일은 4년에 한 번씩 돌아옵니다.

➡ 날수가 가장 적은 달은 2월입니다.

참고 각 달의 날수를 쉽게 알 수 있는 방법

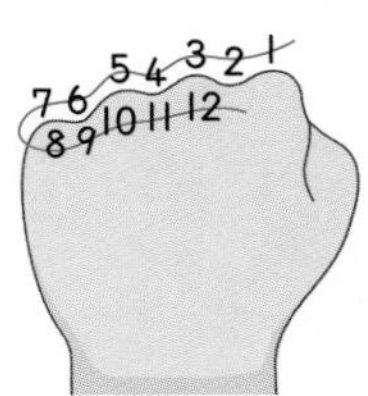

주먹을 쥐었을 때, 둘째 손가락부터 시작하여 위로 솟은 것은 31일, 안으로 들어간 것은 30일입니다.
(단, 2월은 28일 또는 29일입니다.)

1년은 반드시 1월부터 시작하여 12월을 끝으로 하는 기간이 아니라 시작하는 달이 무엇이든지 열두 달을 지나는 시간을 나타냅니다.

정답 및 풀이 20쪽

개념 6 달력 알아보기

13 □ 안에 알맞은 수를 써넣으시오.

(1) 21일은 □ 주일입니다.

(2) 6주일은 □ 일입니다.

개념 6 달력 알아보기

14 어느 해의 1월 달력입니다. 1월 9일로부터 2주일 후는 몇 월 며칠입니까?

1월						
일	월	화	수	목	금	토
1	2	3	4	5	6	7
8	9	10	11	12	13	14
15	16	17	18	19	20	21
22	23	24	25	26	27	28
29	30	31				

( )

개념 7 1년 알아보기

15 다음 중 각 달의 날수가 다른 하나는 어느 것입니까? ( )

① 4월 ② 5월 ③ 6월
④ 9월 ⑤ 11월

개념 7 1년 알아보기

16 □ 안에 알맞은 수를 써넣으시오.

(1) 20개월=□년 □개월

(2) 1년 5개월=□개월

(3) 32개월=□년 □개월

(4) 2년 3개월=□개월

개념 7 1년 알아보기

17 나타내는 기간이 더 긴 것에 ○표 하시오.

3년 8개월 ( ) 45개월 ( )

개념 7 1년 알아보기

18 4월 15일부터 5월 23일까지는 모두 며칠인지 구하시오.

( )

교과서유형완성

유형 1 거울에 비친 시계의 시각 구하기

오른쪽은 거울에 비친 시계입니다. 시계가 나타내는 시각은 몇 시 몇 분입니까?

풀이 짧은바늘은 10과 11 사이를 가리키므로 ☐시입니다.
긴바늘은 2를 가리키므로 ☐분입니다.
따라서 이 시계가 나타내는 시각은 ☐시 ☐분입니다.

▶ 쏙쏙원리
거울에 비치면 왼쪽과 오른쪽이 바뀌어 보입니다.

답

1-1 오른쪽은 거울에 비친 시계입니다. 시계가 나타내는 시각은 몇 시 몇 분입니까?

(　　　　　　)

1-2 오른쪽은 거울에 비친 시계입니다. 시계가 나타내는 시각은 몇 시 몇 분 전입니까?

(　　　　　　)

유형 2 시작한 시각, 끝나는 시각 구하기

유주가 2시간 10분 동안 공부를 하고 나서 시계를 보았더니 오른쪽과 같았습니다. 공부를 시작한 시각은 몇 시 몇 분입니까?

풀이 짧은바늘은 숫자 ☐와 ☐ 사이를 가리키고 긴바늘은 숫자 ☐를 가리키므로 공부를 끝낸 시각은 ☐시 ☐분입니다.

☐시 ☐분 —2시간 전→ ☐시 ☐분 —10분 전→ ☐시 ☐분

따라서 공부를 시작한 시각은 ☐시 ☐분입니다.

▶ 쏙쏙원리
●시 ■분이 되기 2시간 전은 (● − 2)시간 ■분입니다.

답 ....

2-1 승아가 90분 동안 줄넘기를 하고 나서 시계를 보았더니 3시 10분이었습니다. 줄넘기를 시작한 시각은 몇 시 몇 분입니까?

(   )

2-2 축구 경기를 시작한 시각은 1시 10분입니다. 다음을 보고 축구 경기가 끝난 시각을 구하시오. (단, 연장전은 하지 않았습니다.)

전반전 경기 시간	45분
휴식 시간	15분
후반전 경기 시간	45분

(   )

유형 3 걸린 시간 구하기

은호가 오전에 학교에 도착한 시각과 오후에 학교에서 나온 시각입니다. 은호가 학교에 있었던 시간은 몇 시간 몇 분입니까?

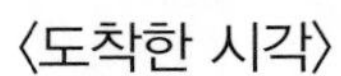

〈도착한 시각〉 〈나온 시각〉

풀이 학교에 도착한 시각은 8시 □분이고 학교에서 나온 시각은 □시입니다.

오전 8시 □분 —(□시간 후)→ 오전 11시 40분

—(□분 후)→ 낮 12시 —(□시간 후)→ 오후 □시

따라서 학교에 있었던 시간은

□시간 □분 + □시간 = □시간 □분입니다.

▶ 쏙쏙원리
■시간 ▲분 + ●분
= ■시간 (▲ + ●)분

답

3-1 민호와 진우가 피아노 연습을 시작한 시각과 끝낸 시각입니다. 피아노 연습을 더 오래 한 사람은 누구입니까?

	시작한 시각	끝낸 시각
민호	오전 11시 40분	오후 1시
진우	오후 1시 55분	오후 3시 20분

( )

유형 4 시곗바늘이 □바퀴 돈 후의 시각 구하기

지금 시각은 오후 2시 40분입니다. 지금 시각에서 시계의 긴바늘이 2바퀴 돌았을 때 나타내는 시각을 구하시오.

풀이 시계의 긴바늘이 한 바퀴 돌면 60분=□시간이 지난 것과 같으므로 긴바늘이 2바퀴 돌면 □시간이 지난 것과 같습니다.
오후 2시 40분에서 시계의 긴바늘이 2바퀴 돌았을 때 나타내는 시각은 □시간이 지난 오후 □시 □분입니다.

▶ 쏙쏙원리
시계의 긴바늘이 1바퀴 돌면 60분=1시간 지난 것입니다.

답

4-1 지금 시각은 오전 10시 30분입니다. 지금 시각에서 시계의 긴바늘이 5바퀴 돌았을 때 나타내는 시각을 구하시오.

(　　　　　　)

4-2 지금 시각은 오후 7시 45분입니다. 지금 시각에서 시계의 짧은바늘이 한 바퀴 돌았을 때 나타내는 시각을 구하시오.

(　　　　　　)

유형 5 열리는 기간 구하기

어느 지역의 봄꽃 축제는 3월 20일부터 4월 15일까지입니다. 봄꽃 축제 기간은 며칠입니까?

풀이 3월은 □ 일까지 있으므로 3월 20일부터 3월 마지막 날까지는 □ 일입니다.

4월 1일부터 4월 15일까지는 □ 일입니다.

따라서 3월 20일부터 4월 15일까지는

□ + □ = □ (일)입니다.

▶ 쏙쏙원리
3월은 며칠까지인지 먼저 생각해 봅니다.

답

5-1 도서 박람회가 4월 11일부터 5월 21일까지 열립니다. 박람회를 하는 기간은 며칠입니까?

( )

5-2 조각 전시회가 6월 15일부터 8월 17일까지 열립니다. 전시회를 하는 기간은 며칠입니까?

( )

5-3 춤 경연대회가 10월 21일부터 50일간 진행됩니다. 경연대회는 몇 월 며칠까지 열립니까?

( )

유형 6 찢어진 달력에서 요일 알아보기

어느 해 5월 달력의 일부분입니다. 이달에는 목요일이 몇 번 있습니까?

5월						
일	월	화	수	목	금	토
	1	2	3	4	5	6
7	8	9				

풀이 5월은 ☐일까지 있고 같은 요일은 ☐일마다 반복됩니다.
따라서 이달 목요일은 ☐일, ☐일, ☐일, ☐일로 ☐번 있습니다.

▶ 쏙쏙원리
5월이 며칠까지 있는지 생각해서 계산해 봅니다.

답

6-1 어느 해 12월 달력의 일부분입니다. 이 해의 크리스마스는 무슨 요일입니까?

12월						
일	월	화	수	목	금	토
			1	2	3	4
5	6					

( )

6-2 어느 해 9월 달력의 일부분입니다. 9월의 마지막 날은 무슨 요일입니까?

9월						
일	월	화	수	목	금	토
				1	2	3
4	5					

( )

유형 7 고장난 시계의 시각 구하기

1시간에 1분씩 빨라지는 시계가 있습니다. 이 시계의 시각을 오늘 오전 6시에 정확하게 맞추었습니다. 오늘 오후 3시에 이 시계가 나타내는 시각은 오후 몇 시 몇 분입니까?

풀이

오전 6시부터 오후 3시까지는 □시간입니다.

1시간에 1분씩 빨라지므로 9시간 동안 이 시계는 □분 빨라집니다.

따라서 3시에서 9분 후는 3시 9분이므로 오후 3시에 이 시계가 나타내는 시각은 오후 □시 □분입니다.

▶ 쏙쏙원리
1시간에 1분씩 빨라지는 시계는 ●시간 후에는 ●분 빨라집니다.

답

7-1 1시간에 1분씩 늦어지는 시계가 있습니다. 이 시계의 시각을 오늘 오전 7시에 정확하게 맞추었습니다. 내일 오전 7시에 이 시계가 나타내는 시각은 오전 몇 시 몇 분입니까?

(　　　　　　)

7-2 1시간에 3분씩 빨라지는 시계가 있습니다. 이 시계의 시각을 오늘 오전 10시에 정확하게 맞추었습니다. 오늘 오후 5시에 이 시계가 나타내는 시각은 오후 몇 시 몇 분입니까?

(　　　　　　)

종합응용력완성

정답 및 풀이 23쪽

01 서윤이네 가족은 이사온 지 3년 5개월이 되었습니다. 이 집에 몇 개월 동안 살았습니까?

( )

1년은 12개월입니다.

02 시계의 짧은바늘이 3에서 10까지 움직이는 동안 긴바늘은 몇 바퀴를 돕니까?

( )

시계의 짧은바늘이 숫자 한 칸을 움직일 때, 긴바늘은 한 바퀴를 돕니다.

03 채아는 수영장에 도착해서 50분 동안 수영을 하고 15분간 쉬었습니다. 다시 40분 동안 수영을 한 후, 25분 동안 샤워를 하고 수영장을 나왔습니다. 채아가 수영장에 도착한 시각이 오전 11시일 때, 수영장을 나온 시각은 오후 몇 시 몇 분입니까?

( )

4 시각과 시간

04 혜인이의 생일은 8월 5일이고, 하준이의 생일은 혜인이보다 9일 빠릅니다. 정우의 생일은 하준이보다 5주 늦다면 정우의 생일은 몇 월 며칠입니까?

7월은 31일까지 있고, 1주일은 7일입니다.

(　　　　　　　)

05 어느 해 5월 달력의 일부분입니다. 이달 둘째 토요일에서 45일 후는 몇 월 며칠입니까?

5월은 31일까지 있습니다.

5월						
일	월	화	수	목	금	토
		1	2	3	4	5
6	7					

(　　　　　　　)

06 주영이는 오후 2시 20분에 그림을 그리기 시작했습니다. 주영이가 그림을 완성한 후 거울에 비친 시계를 보니 오른쪽과 같았습니다. 그림을 그리는 데 걸린 시간은 몇 시간 몇 분입니까?

거울에 비친 시계에서 짧은바늘과 긴바늘이 가리키는 곳을 각각 알아봅니다.

(　　　　　　　)

07 민우는 오후 3시 20분에 출발하는 기차를 타려고 합니다. 집에서 기차역까지 가는 데는 1시간 20분이 걸립니다. 기차가 출발하기 30분 전에 기차역에 도착하려면 늦어도 오후 몇 시 몇 분에는 집에서 나와야 합니까?

( )

08 은수, 경빈, 수민이는 각각 다른 영화를 보았습니다. 가장 긴 영화를 본 사람은 누구입니까?

영화 상영 시간을 각각 구해 비교합니다.

	영화가 시작한 시각	영화가 끝난 시각
은수	오전 11시 30분	오후 1시 10분
경빈	오후 12시 20분	오후 1시 50분
수민	오후 2시 40분	오후 4시

( )

09 현서네 가족은 여행을 다녀왔습니다. 8월 12일 오전 10시에 집을 출발하여 8월 16일 오후 5시에 집에 돌아왔습니다. 현서네 가족이 여행을 다녀오는 데 걸린 시간은 몇 시간입니까?

1일은 24시간입니다.

( )

10 가, 나, 다 세 시계의 시각을 오전 9시에 정확하게 맞추었습니다. 가 시계는 1시간에 5분씩 빨라지고, 나 시계는 1시간에 7분씩 늦어지고, 다 시계는 정확한 시계입니다. 오후에 다 시계가 나타내는 시각이 그림과 같을 때, 가, 나 시계가 나타내는 시각은 오후 몇 시 몇 분인지 구하시오.

가 (　　　　　　), 나 (　　　　　　)

다 시계가 나타내는 시각은 3시입니다.

서술형

11 어느 해 11월 달력의 일부분입니다. 수아네 가족은 매주 수요일과 토요일에 청소를 하고 있습니다. 11월 한 달 동안 청소를 모두 몇 번 하였는지 풀이 과정을 쓰고 답을 구하시오.

11월				
일	월	화	수	목
3	4	5	6	

풀이

답

같은 요일은 7일마다 반복됩니다.

12 유준이가 도서관에 가서 책을 읽었습니다. 책 읽기를 시작했을 때와 끝냈을 때, 거울에 비친 전자시계의 모습입니다. 유준이가 책을 읽은 시간은 몇 시간 몇 분입니까?

〈책 읽기를 시작한 시각〉

〈책 읽기를 끝낸 시각〉

(　　　　　　)

거울에 비친 모습은 왼쪽과 오른쪽의 모습이 반대로 보입니다.

13 서울의 시각이 9월 5일 오후 2시 20분일 때, 프랑스 파리의 시각은 같은 날 오전 7시 20분입니다. 서울의 시각이 9월 8일 오전 6시 10분일 때 파리는 몇 월 며칠이고, 몇 시 몇 분입니까?

( )

14 1시간에 ■분씩 늦어지는 시계가 있습니다. 이 시계를 오후 9시에 정확한 시각에 맞추고 다음날 오후 3시에 시계를 보니 오후 1시 12분이었습니다. ■를 구하시오.

1시간에 ■분씩 늦어지면 3시간 후에는 (3×■)분 늦어집니다.

( )

15 어느 해 10월 첫째 수요일과 넷째 수요일의 합은 35입니다. 같은 해의 12월 25일은 무슨 요일입니까?

같은 요일은 7일마다 반복됩니다.

( )

A급 노트

01 오전 11시 30분부터 오후 4시 30분까지 시계의 긴바늘과 짧은바늘이 일직선이 되는 것은 몇 번입니까?

( )

02 다음 삼각김밥과 샌드위치에 쓰여진 제조일과 소비기한을 보고 소비할 수 있는 기간은 어느 것이 몇 시간 더 긴지 구하시오.

(단, 02시는 오전 2시, 22시는 오후 10시입니다.)

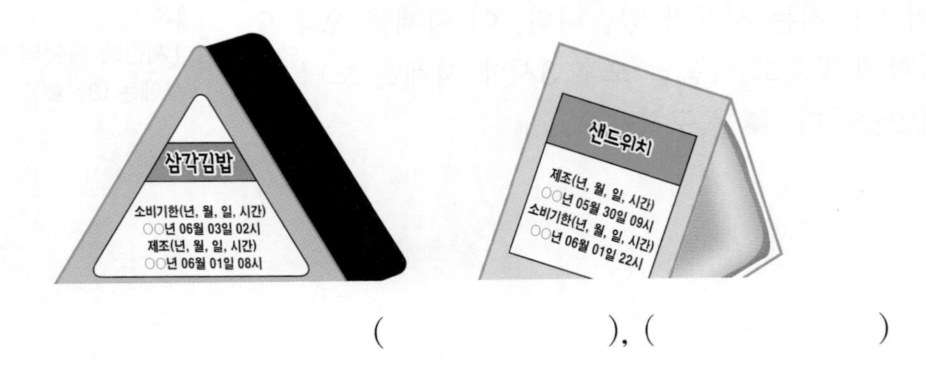

( ), ( )

03 지금은 5월 7일 월요일 오전 8시 15분입니다. 시계의 짧은바늘을 5바퀴 돌린 후, 다시 긴바늘을 3바퀴 반 돌리면 시계가 나타내는 시각은 몇 월 며칠 무슨 요일, 몇 시 몇 분입니까?

( )

정답 및 풀이 25쪽

04 후포항에서 울릉도로 가는 배는 오전 8시 45분에 처음 출발하고 35분, 55분 간격으로 번갈아가며 운행됩니다. 오후 5시 이후에는 배를 운항하지 않을 때 오후에 울릉도까지 배는 몇 번 갑니까?

( )

A급 노트

05 시윤이는 오후 1시 30분부터 1시간 15분 동안 공부를 하고 동생과 함께 집에서 15분 거리의 영화관에서 영화를 보려고 합니다. 오후 7시에 집에서 가족과 함께 저녁을 먹으려면 몇 관의 영화를 보면 되는지 모두 쓰시오.

영화관	시작 시각	상영 시간	영화관	시작 시각	상영 시간
1관	2:46	2시간 13분	5관	4:26	2시간 27분
2관	3:05	1시간 56분	6관	5:04	1시간 32분
3관	3:25	2시간 5분	7관	5:38	1시간 48분
4관	3:58	1시간 48분	8관	5:51	2시간 1분

( )

다음
목적지를
위한
休
휴

간디의 재치

인도의 간디가 영국서 대학을 다니던 시절

식민지 출신 학생을 아니꼽게 여기던
피터슨 교수

대학 식당에서 점심을 먹으러 같이 앉게 되었을때
자네!

아직 모르는 모양인데, 돼지와 새가 함께 식사하는 경우는 없다네!

그럼 제가 다른 곳으로 날아갈께요!
수업시간에 두고 보자!

내가 질문 하나 하지.
길을 걷다 두 개의 자루를 발견했다네. 하나는 돈이 가득 들어있고, 다른 하나에는 지혜가 가득 들어있네. 둘 중 어느 쪽을 택하겠나?
...

그야 당연히 돈 자루죠!
내가 그 입장이면 지혜를 택할텐데~

뭐 각자 자신이 가지고 있지 않은 것을 택하는 것 아니겠어요?
헉!
ㅋㅋㅋ
푸하하!

이 단원에서 완성할 내용

유형 1	그래프의 칸 수 구하기
유형 2	합계를 이용하여 그래프 완성하기
유형 3	조건에 맞도록 표 완성하기
유형 4	항목별 수의 합과 차 구하기
유형 5	한 항목에 두 가지를 같이 나타낸 그래프

5. 표와 그래프

+ 개념

1 자료를 보고 표로 나타내기

〈하은이네 반 학생들이 좋아하는 우유〉

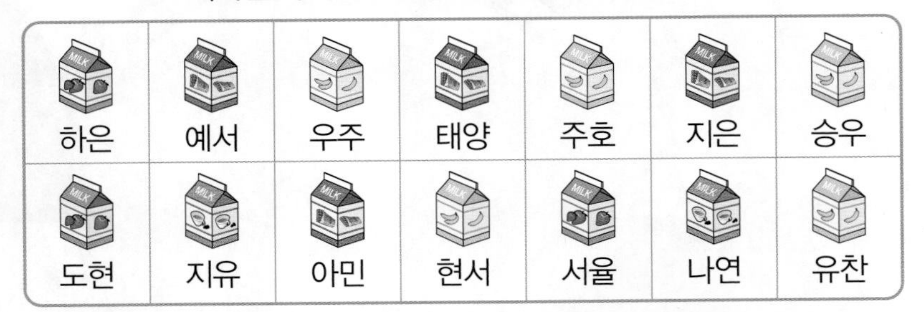

(1) **자료 분류하기:** 좋아하는 우유별로 학생들을 분류합니다.

〈하은이네 반 학생들이 좋아하는 우유〉

딸기	초코	바나나	커피
하은, 도현, 서율	예서, 태양, 지은, 아민	우주, 주호, 승우, 현서, 유찬	지유, 나연

(2) **표로 나타내기:** 좋아하는 우유별 학생 수를 세어 표로 나타냅니다.

〈좋아하는 우유별 학생 수〉

우유	딸기	초코	바나나	커피	합계
학생 수(명)	3	4	5	2	14

$3+4+5+2=14$

자료를 표로 나타낼 때, 빠짐없이 중복되지 않게 세어야 합니다.

2 그래프로 나타내기

① 가로, 세로에 어떤 것을 쓸지 정합니다.
② 가로, 세로를 각각 몇 칸으로 할지 정합니다.
③ 조사할 자료의 종류별 학생 수만큼 ○를 그립니다.
④ 그래프의 제목을 씁니다.

〈좋아하는 우유별 학생 수〉

5			○	
4		○	○	
3	○	○	○	
2	○	○	○	○
1	○	○	○	○
학생 수(명) / 우유	딸기	초코	바나나	커피

표를 그래프로 나타낼 때, ○, ×, △ 등을 한 칸에 하나씩 채우고, 중간에 빈칸이 없도록 아래에서 위로 채웁니다.

개념

더블체크

정답 및 풀이 26쪽

개념 1 자료를 보고 표로 나타내기

[01~02] 서하네 반 학생들이 좋아하는 간식을 조사하여 나타낸 것입니다. 물음에 답하시오.

〈서하네 반 학생들이 좋아하는 간식〉

도윤	건우	현서	민지	사랑
가은	지율	채은	은빈	연우
나연	서하	연주	하람	태희

01 자료를 보고 표로 나타내시오.

〈좋아하는 간식별 학생 수〉

간식	핫도그	떡볶이	피자	라면	합계
학생 수(명)					

02 자료와 표 중 서하가 좋아하는 간식을 알 수 있는 것은 무엇입니까?

( )

개념 1 자료를 보고 표로 나타내기

03 자료를 조사하여 표로 나타내는 순서를 기호로 쓰시오.

㉠ 조사 방법 정하기
㉡ 조사 대상 정하기
㉢ 정한 방법대로 조사하기
㉣ 조사한 자료를 표로 나타내기

( )

개념 2 그래프로 나타내기

[04~05] 우주네 반 학생들의 장래 희망을 조사하여 나타낸 것입니다. 물음에 답하시오.

〈장래 희망별 학생 수〉

장래 희망	선생님	의사	연예인	운동선수	과학자	합계
학생 수(명)	5	6	3	4	2	20

04 표를 보고 △를 이용하여 그래프로 나타내시오.

〈장래 희망별 학생 수〉

6					
5					
4					
3					
2					
1					
학생 수(명) / 장래 희망	선생님	의사	연예인	운동선수	과학자

05 표를 보고 ☆을 이용하여 그래프로 나타내시오.

〈장래 희망별 학생 수〉

과학자						
운동선수						
연예인						
의사	☆	☆	☆	☆	☆	☆
선생님	☆	☆	☆	☆	☆	
장래 희망 / 학생 수(명)						

3 표와 그래프의 내용 알아보기

(1) 표를 보고 알 수 있는 내용

〈가고 싶은 나라별 학생 수〉

나라	일본	미국	영국	프랑스	합계
학생 수(명)	3	5	7	4	19

① 학생 19명을 조사했습니다.

② 일본에 가고 싶은 학생은 3명이고, 영국에 가고 싶은 학생은 7명 입니다.

(2) 그래프를 보고 알 수 있는 내용

〈가고 싶은 나라별 학생 수〉

프랑스	○	○	○	○			
영국	○	○	○	○	○	○	○
미국	○	○	○	○	○		
일본	○	○	○				
나라 / 학생 수(명)	1	2	3	4	5	6	7

① 가장 많은 학생이 가고 싶은 나라는 영국입니다.

② 가장 적은 학생이 가고 싶은 나라는 일본입니다.

참고 표는 자료의 수를 정리할 때 사용하면 좋고 그래프는 자료의 수가 많고 적음을 비교할 때 사용하면 좋습니다.

4 표와 그래프로 나타내면 편리한 점

(1) 표로 나타내면 편리한 점

① 조사한 자료의 전체 수를 알아보기 편리합니다.

② 조사한 자료의 항목별 수를 알기 쉽습니다.

(2) 그래프로 나타내면 편리한 점

① 조사한 자료의 내용을 한눈에 비교하기에 편리합니다.

② 가장 작은 것과 가장 큰 것을 알아보기 편리합니다.

+ 개념

미리보기 초4-1

막대그래프: 조사한 자료의 수를 막대 모양으로 나타낸 그래프

〈가고 싶은 나라별 학생 수〉

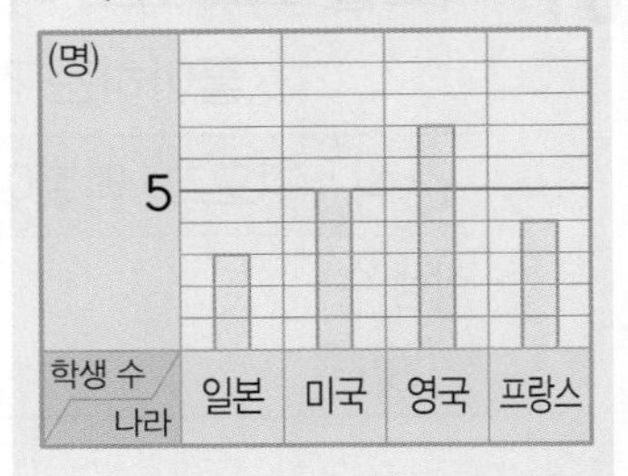

정답 및 풀이 26쪽

개념 3 표와 그래프의 내용 알아보기

[06~08] 리안이네 반 학생들이 태어난 계절을 조사하여 나타낸 표입니다. 물음에 답하시오.

〈태어난 계절별 학생 수〉

계절	봄	여름	가을	겨울	합계
학생 수 (명)	6	2	4	5	

06 조사한 학생은 모두 몇 명입니까?

( )

07 표를 보고 ○를 이용하여 그래프로 나타내시오.

〈태어난 계절별 학생 수〉

6				
5				
4				
3				
2				
1				
학생 수(명) / 계절	봄	여름	가을	겨울

08 가장 적은 학생들이 태어난 계절은 무엇입니까?

( )

[09~10] 강민이네 반 학생들이 좋아하는 색깔을 조사하여 나타낸 표와 그래프입니다. 물음에 답하시오.

〈좋아하는 색깔별 학생 수〉

색깔	빨간색	파란색	노란색	보라색	합계
학생 수 (명)	4	7	3	6	20

〈좋아하는 색깔별 학생 수〉

보라색	○	○	○	○	○	○	
노란색	○	○	○				
파란색	○	○	○	○	○	○	○
빨간색	○	○	○	○			
색깔 / 학생 수(명)	1	2	3	4	5	6	7

개념 3 표와 그래프의 내용 알아보기

09 가장 많은 학생들이 좋아하는 색깔은 무엇입니까?

( )

개념 4 표와 그래프로 나타내면 편리한 점

10 표와 그래프를 보고 바르게 말한 사람은 누구입니까?

유진: 강민이가 좋아하는 색깔을 알 수 있어.
승유: 보라색을 좋아하는 학생 수를 알 수 있어.
지원: 표와 그래프 중 색깔별 학생 수의 많고 적음을 한눈에 알 수 있는 것은 표야.

( )

5 표와 그래프

교과서유형완성

유형 1 그래프의 칸 수 구하기

민주네 반 학생들이 타고 싶은 놀이기구를 조사하여 표로 나타내었습니다. 표를 보고 그래프로 나타낼 때, 그래프의 가로에는 타고 싶은 놀이기구를, 세로에는 학생 수를 나타내려고 합니다. 세로 칸은 적어도 몇 명까지 나타낼 수 있어야 합니까?

〈타고 싶은 놀이기구별 학생 수〉

놀이기구	바이킹	회전목마	범퍼카	회전컵	합계
학생 수(명)	6	2		4	17

풀이

(범퍼카를 타고 싶은 학생 수)

=(합계)−(바이킹)−(회전목마)−(회전컵)

=☐−6−☐−☐=☐(명)

타고 싶은 놀이기구가 가장 많은 학생 수까지 그래프에 나타낼 수 있어야 합니다.

가장 많은 학생들이 타고 싶은 놀이기구는 ☐으로 ☐명입니다. 따라서 세로 칸은 적어도 ☐명까지 나타낼 수 있어야 합니다.

▶ 쏙쏙원리
가장 많은 항목의 수까지 그래프에 나타낼 수 있어야 합니다.

답

1-1 지안이네 반 학생들이 화단에 심을 꽃을 조사하여 표로 나타내었습니다. 표를 보고 그래프로 나타낼 때, 그래프의 가로에는 심을 꽃을, 세로에는 학생 수를 나타내려고 합니다. 세로 칸은 적어도 몇 명까지 나타낼 수 있어야 합니까?

〈화단에 심을 꽃별 학생 수〉

꽃	장미	국화	튤립	수국	팬지	합계
학생 수(명)	5		4	3	2	21

(　　　　　　)

유형 2 합계를 이용하여 그래프 완성하기

채은이네 반 학생 16명의 취미를 조사하여 나타낸 그래프입니다. 독서 칸을 채워 그래프를 완성하시오.

〈취미별 학생 수〉

4		○			○
3		○		○	○
2	○	○		○	○
1	○	○		○	○
학생 수(명) / 취미	그림 그리기	음악 감상	독서	운동	게임

풀이 취미별 ○의 수를 세어 봅니다.

그림 그리기: 2명, 음악 감상: 4명,

운동: □명, 게임: □명

(취미가 독서인 학생 수)

=(합계)−(그림 그리기)−(음악 감상)−(운동)−(게임)

=□−2−4−□−□=□(명)

따라서 독서 칸에 아래에서부터 위로 ○를 □개 채워 그립니다.

▶ 쏙쏙원리

(합계)=(그림 그리기)+(음악 감상)+(독서)+(운동)+(게임)

2-1 성민이네 반 학생 22명이 체험 학습으로 가고 싶은 장소를 조사하여 나타낸 그래프입니다. 미술관 칸을 채워 그래프를 완성하시오.

〈체험 학습 장소별 학생 수〉

6			○		
5			○	○	
4			○	○	○
3	○		○	○	○
2	○		○	○	○
1	○		○	○	○
학생 수(명) / 장소	박물관	미술관	동물원	과학관	수족관

유형 3 조건에 맞도록 표 완성하기

예린이네 반 학생들이 키우고 있는 반려동물을 조사하여 나타낸 표입니다. 고양이를 키우는 학생이 거북이를 키우는 학생보다 3명 더 많을 때, 강아지를 키우는 학생 수를 구하시오.

〈키우고 있는 반려동물별 학생 수〉

반려동물	강아지	고양이	금붕어	거북이	합계
학생 수(명)			2	3	15

풀이

(고양이를 키우는 학생 수)
=(거북이를 키우는 학생 수)+3
=□+3
=□(명)
(강아지를 키우는 학생 수)
=(합계)−(고양이)−(금붕어)−(거북이)
=□−□−2−3
=□(명)

▶ 쏙쏙원리
(고양이를 키우는 학생 수)
=(거북이를 키우는 학생 수)+3

답

3-1 시은이네 반 학생들이 가고 싶은 도시를 조사하여 나타낸 표입니다. 부산과 제주에 가고 싶은 학생 수가 같다면 여수에 가고 싶은 학생은 제주에 가고 싶은 학생보다 몇 명 더 많습니까?

〈가고 싶은 도시별 학생 수〉

도시	강릉	대구	부산	여수	제주	합계
학생 수(명)	4	3		7		24

(　　　　　　)

유형 4 항목별 수의 합과 차 구하기

예나네 반 학생들이 좋아하는 음료수를 조사하여 나타낸 표입니다. 가장 많은 학생들이 좋아하는 음료수와 가장 적은 학생들이 좋아하는 음료수의 학생 수의 차는 몇 명입니까?

〈좋아하는 음료수별 학생 수〉

10		○		
8		○	○	
6	○	○	○	
4	○	○	○	○
2	○	○	○	○
학생 수(명) / 음료수	우유	주스	탄산음료	이온음료

풀이 가장 많이 좋아하는 음료수는 ☐이고, 가장 적게 좋아하는 음료수는 ☐입니다. 학생 수를 나타내는 세로의 수가 2, 4, 6……이므로 세로 한 칸은 2명을 나타냅니다. ➡ 주스: ☐명, 이온음료: ☐명

따라서 구하는 차는 ☐명입니다.

▶쏙쏙원리
○의 수가 가장 많은 것과 가장 적은 것을 찾습니다.

답

4-1 유나네 반 학생들이 모은 딱지의 색깔을 조사하여 나타낸 표입니다. 가장 많이 모은 색깔의 딱지는 세 번째로 적게 모은 색깔의 딱지보다 몇 개 더 많습니까?

〈색깔별 딱지의 개수〉

24				○	
20	○			○	
16	○	○		○	
12	○	○	○	○	
8	○	○	○	○	○
4	○	○	○	○	○
딱지 수(개) / 색깔	빨간색	파란색	노란색	주황색	보라색

(　　　　　　　)

유형 5 한 항목에 두 가지를 같이 나타낸 그래프

주현이네 학교 학생들의 혈액형을 조사하여 나타낸 그래프입니다. 1반과 2반의 학생 수의 차가 가장 큰 혈액형은 무엇입니까?

〈혈액형별 학생 수〉

6						△		
5			○	△	○	△	○	
4		△	○	△	○	△	○	
3	○	△	○	△	○	△	○	△
2	○	△	○	△	○	△	○	△
1	○	△	○	△	○	△	○	△
학생 수(명) / 혈액형	A형		B형		O형		AB형	

○: 1반
△: 2반

풀이 각 혈액형별로 1반과 2반의 학생 수의 차를 구하면

A형: 4－□＝□(명), B형＝5－5＝□(명)

O형: 6－□＝□(명), AB형＝5－□＝□(명)

따라서 학생 수의 차가 가장 큰 혈액형은 □입니다.

▶ 쏙쏙원리
1반은 ○의 수를, 2반은 △의 수를 각각 세어 봅니다.

답

5-1 다은이네 학년 학생들이 좋아하는 빵을 조사하여 나타낸 그래프입니다. 다은이네 학년 학생 수는 모두 몇 명입니까?

〈좋아하는 빵별 학생 수〉

6						△				
5				△		△	○		○	
4	○			△	○	△	○	△	○	
3	○	△	○	△	○	△	○	△	○	△
2	○	△	○	△	○	△	○	△	○	△
1	○	△	○	△	○	△	○	△	○	△
학생 수(명) / 종류	식빵		도넛		크림빵		팥빵		모닝빵	

○: 여학생
△: 남학생

(　　　　　　)

종합응용력완성

정답 및 풀이 28쪽

[01~02] 재원이와 친구들이 일주일 동안 산책을 한 날에는 ○표, 하지 않은 날에는 ×표를 하여 나타낸 것입니다. 물음에 답하시오.

〈일주일 동안의 산책 기록〉

요일 / 이름	월	화	수	목	금	토	일
유찬	○	×	○	○	○	×	○
아윤	×	×	○	○	×	×	○
지은	○	×	×	○	○	×	○
재원	×	○	×	○	×	○	○

01 자료를 보고 산책을 한 날수만큼 △를 사용하여 그래프로 나타내시오.

〈학생별 산책을 한 날수〉

5				
4				
3				
2				
1				
날수(일) / 이름	유찬	아윤	지은	재원

○의 수를 세어 각자 산책을 한 날수를 구해 봅니다.

02 산책을 한 날보다 하지 않은 날이 더 많은 사람은 누구입니까?

( )

일주일은 7일이므로 산책을 하지 않은 날의 수를 구해 봅니다.

03 다음은 수호네 반 여학생 12명과 남학생 11명이 좋아하는 운동을 조사한 그래프입니다. 그래프를 완성하고 여학생 수와 남학생 수의 차가 가장 큰 운동을 구하시오.

전체 학생 수를 이용하여 모르는 학생 수를 구해 봅니다.

〈좋아하는 운동별 학생 수〉

4	○				○					
3	○	△			○					
2	○	△	○	△	○			△		
1	○	△	○	△	○	△		△	○	
학생 수(명) / 운동	줄넘기		수영		피구		탁구		배드민턴	

○: 여학생, △: 남학생

( )

04 준우네 반 학생들이 좋아하는 과일별 학생 수를 조사하여 표와 그래프로 나타내려고 합니다. 망고를 좋아하는 학생은 사과를 좋아하는 학생보다 2명 적고, 배를 좋아하는 학생은 포도를 좋아하는 학생보다 2명 많습니다. 표와 그래프를 완성하시오.

표와 그래프에서 각각 알 수 있는 수를 먼저 채워 봅니다.

〈좋아하는 과일별 학생 수〉

과일	귤	배	사과	망고	포도	합계
학생 수(명)	6					22

〈좋아하는 과일별 학생 수〉

6					
5					
4			○		
3			○		
2			○		
1			○		
학생 수(명) / 과일	귤	배	사과	망고	포도

05 도윤이네 모둠 학생들이 일주일 동안 먹은 아이스크림의 개수를 조사하여 나타낸 그래프입니다. 도윤이보다 적게 먹은 학생이 4명일 때 도윤이가 먹은 아이스크림은 몇 개입니까?

아이스크림을 적게 먹은 학생부터 ○의 수를 세어 봅니다.

〈학생별 먹은 아이스크림의 개수〉

6			○				
5			○				○
4	○		○		○		○
3	○		○		○	○	○
2	○		○	○	○	○	○
1	○		○	○	○	○	○
개수(개) / 학생	은찬	도윤	승아	아린	준성	미소	한결

( )

06 세은이네 학년 학생들이 배우고 싶은 악기를 조사하여 나타낸 그래프입니다. 기타와 하모니카를 배우고 싶은 학생 수의 차가 8명일 때, 세은이네 학년 학생은 모두 몇 명입니까?

세로 한 칸은 몇 명을 나타내는지 구해 봅니다.

〈배우고 싶은 악기별 학생 수〉

	○				
	○	○			
	○	○	○		
	○	○	○		○
	○	○	○	○	○
	○	○	○	○	○
학생 수(명) / 악기	피아노	바이올린	기타	하모니카	플루트

( )

5 표와 그래프

07 학생들이 각자 공을 8개씩 던져서 골대에 넣은 골의 수를 조사한 그래프입니다. 골을 넣을 때마다 같은 점수를 얻어 5명이 얻은 전체 점수는 180점이었습니다. 이안이와 태희의 점수 차를 구하시오.

골을 넣을 때마다 몇 점을 얻는지 구해 봅니다.

〈학생별 넣은 골의 수〉

6				○	
5		○		○	
4		○	○	○	
3	○	○	○	○	
2	○	○	○	○	○
1	○	○	○	○	○
골의 수(골) / 학생	이안	다은	민재	태희	시아

(　　　　　　)

08 가, 나 두 모둠 학생들의 봉사활동 횟수를 조사하여 각각 그래프로 나타내려고 합니다. 나 모둠에서 봉사활동을 1번한 사람은 봉사활동을 2번한 학생보다 1명 많고, 나 모둠에서 봉사활동을 2번한 학생은 가 모둠에서 봉사활동을 2번한 학생보다 2명 적습니다. 나 모둠에서 봉사활동을 한 학생은 가 모둠에서 봉사활동을 한 학생보다 1명 더 많을 때, 가 모둠에서 봉사활동을 3번한 학생은 몇 명입니까?

나 모둠에서 봉사활동을 1번, 2번한 학생 수를 먼저 구합니다.

〈봉사활동 횟수〉

5		○		
4		○		
3	○	○		○
2	○	○		○
1	○	○		○
학생 수(명) / 횟수	1번	2번	3번	4번

가 모둠

〈봉사활동 횟수〉

5				○
4				○
3				○
2			○	○
1			○	○
학생 수(명) / 횟수	1번	2번	3번	4번

나 모둠

(　　　　　　)

[09~10] 성욱이네 학교 2학년 학생들이 겨울방학 때 가고 싶은 장소를 조사하여 나타낸 그래프입니다. 물음에 답하시오.

〈가고 싶은 장소별 학생 수〉

		○		
36		○		
		○		
		○	○	
	○	○	○	○
	○	○	○	○
	○	○	○	○
학생 수(명) / 장소	산	스키장	바다	유적지

09 스키장에 가고 싶은 학생은 몇 명입니까?

( )

주어진 학생 수를 통해 세로 한 칸의 크기를 구해 봅니다.

10 이 학생들에게 겨울방학 선물로 핫팩을 2개씩 주려고 합니다. 준비해야 하는 핫팩은 모두 몇 개입니까?

( )

11 은우네 반 학생들이 좋아하는 라면을 조사하여 나타낸 표입니다. 볶음면을 좋아하는 학생은 컵라면을 좋아하는 학생보다 3명 적습니다. 가장 많은 학생들이 좋아하는 라면과 가장 적은 학생들이 좋아하는 라면의 학생 수의 차는 몇 명입니까?

〈좋아하는 라면별 학생 수〉

라면	볶음면	비빔면	자장면	컵라면	마라면	합계
학생 수(명)		4	5		2	20

( )

5
표와 그래프

12 지우네 반 학생들이 좋아하는 채소를 조사하여 나타낸 그래프입니다. 호박을 좋아하는 학생은 몇 명입니까?

> 세로 한 칸의 크기를 구해 봅니다.

- 파프리카를 좋아하는 학생은 4명입니다.
- 당근을 좋아하는 학생은 오이를 좋아하는 학생보다 6명이 더 많습니다.
- 지우네 반 학생은 모두 18명입니다.

〈좋아하는 채소별 학생 수〉

			○	
			○	
			○	
		○	○	
학생 수(명) / 채소	파프리카	오이	당근	호박

( )

13 정연이네 반 학생 26명이 즐겨보는 TV 프로그램을 조사하여 나타낸 그래프의 일부분이 찢어졌습니다. 예능을 즐겨보는 학생은 영화를 즐겨보는 학생의 2배보다 1명 더 적을 때, 예능을 즐겨보는 학생은 몇 명입니까?

> 영화를 즐겨보는 학생 수를 □로 놓고 식을 세웁니다.

〈TV 프로그램별 학생 수〉

8					
7					
6		○			
5		○			○
4	○	○			○
3	○	○			○
2	○	○			○
1	○	○			○
학생 수(명) / 프로그램	드라마	코미디	예능	영화	뉴스

( )

최상위실력완성

정답 및 풀이 30쪽

A급 노트

01 정우네 학교 2학년 1반과 2반 학생들이 식목일에 심은 나무를 조사하여 나타낸 표입니다. 두 반 학생들이 가장 많이 심은 나무와 가장 적게 심은 나무는 무엇인지 차례로 구하시오.

〈1반 학생들이 심은 나무〉

나무	산호수	행운목	선인장	월계수	감나무	합계
학생 수(명)	4	3		5	2	20

〈2반 학생들이 심은 나무〉

나무	산호수	행운목	선인장	월계수	감나무	합계
학생 수(명)		5	4	3	4	21

( ), ( )

02 시연이네 반 학생 23명이 먹고 싶은 덮밥을 조사하여 나타낸 표입니다. 각자 먹고 싶은 덮밥을 두 가지씩 골라 조사한 표이고, 카레덮밥을 먹고 싶은 학생은 제육덮밥을 먹고 싶은 학생의 두 배입니다. 시연이네 반 학생들이 가장 먹고 싶은 덮밥은 무엇입니까?

〈먹고 싶은 덮밥별 학생 수〉

덮밥	짜장	카레	돈가스	제육	오징어	참치
학생 수(명)	2		8		5	13

( )

공통점이 없는 알파벳은?

A B C D K O

정답은 31쪽

6 규칙 찾기

이 단원에서 완성할 내용

유형 1	무늬에서 규칙 찾기
유형 2	쌓은 쌓기나무 모양에서 규칙 찾기
유형 3	덧셈표에서 규칙 찾기
유형 4	곱셈표에서 규칙 찾기
유형 5	시계에서 규칙 찾기
유형 6	달력에서 규칙 찾기

6. 규칙 찾기

1 무늬에서 규칙 찾기

(1) 무늬에서 모양과 색깔의 규칙 찾기

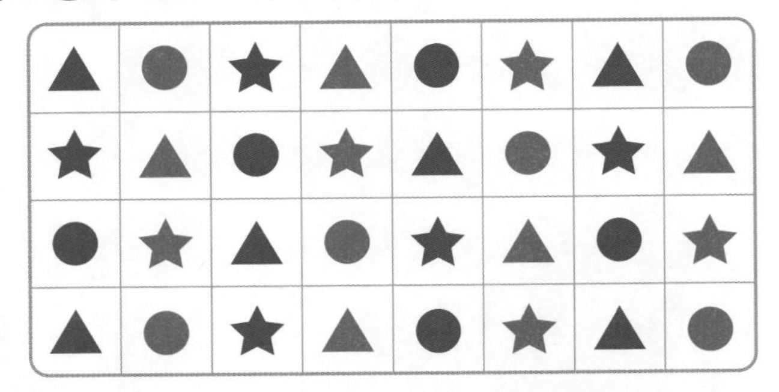

① ▲, ●, ★이 반복되고 파란색, 빨간색이 반복되는 규칙입니다.
② ↘ 방향으로 똑같은 모양이 반복됩니다.
③ ↓ 방향으로 같은 색이 반복됩니다.

(2) 무늬에서 색칠된 부분의 규칙 찾기

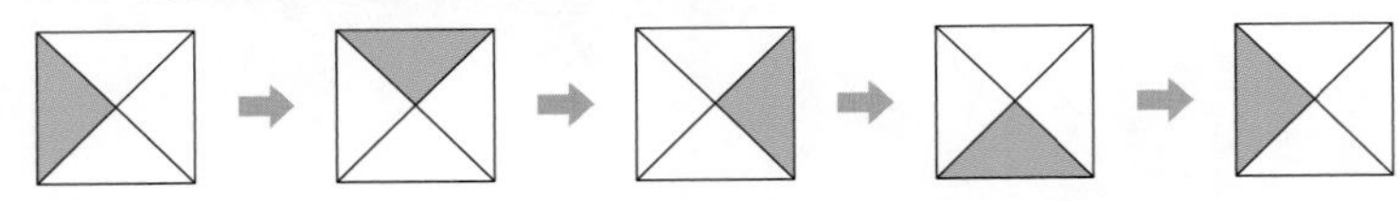

초록색으로 색칠된 부분이 시계 방향으로 돌아 갑니다.

(3) 수가 늘어나는 규칙 찾기

① 주황색 구슬과 연두색 구슬이 반복됩니다.
② 주황색 구슬과 연두색 구슬의 수가 각각 한 개씩 늘어납니다.

2 쌓은 모양에서 규칙 찾기

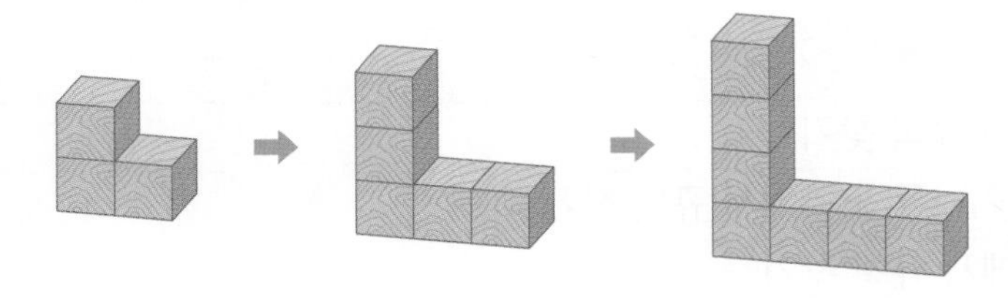

① 쌓기나무를 ㄴ자 모양으로 쌓았습니다.
② 쌓기나무가 오른쪽에 1개, 위쪽에 1개씩 늘어납니다.
③ 쌓기나무의 개수가 3개, 5개, 7개로 2개씩 늘어납니다.

+ 개념

- 무늬에서 반복되는 색깔, 모양, 개수 등의 규칙을 찾습니다.
- 반복되는 모양, 변하는 모양, 개수 등을 통해 쌓기나무를 쌓은 규칙을 찾아 봅니다.

정답 및 풀이 31쪽

개념 1 무늬에서 규칙 찾기

01 무늬에서 모양과 색깔의 규칙을 찾아 쓰시오.

→노란색 →보라색 →초록색

• □, [　　] 가 반복됩니다.

• → 방향으로 노란색, [　　　], [　　　] 이 반복됩니다.

개념 1 무늬에서 규칙 찾기

02 규칙을 찾아 빈칸에 알맞은 수를 써넣으시오.

♥	♣	♣	♦	♥
♣	♣	♦	♥	♣
♣	♦	♥	♣	♣

⬇

1	2	2		
2	2	3		
2				

개념 1 무늬에서 규칙 찾기

03 규칙을 찾아 빈칸에 알맞게 색칠하시오.

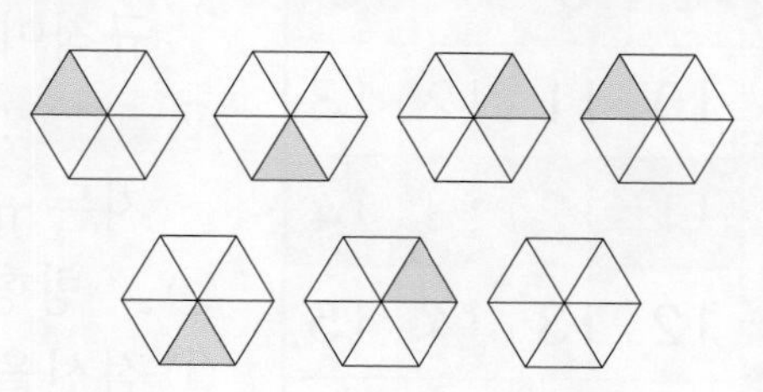

개념 2 쌓은 모양에서 규칙 찾기

04 어떤 규칙에 따라 쌓기나무를 쌓았습니다. 쌓은 규칙을 쓰시오.

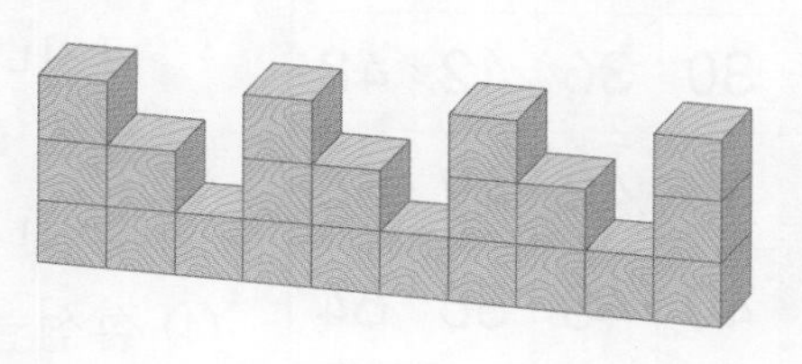

〈규칙〉 ______________________

개념 2 쌓은 모양에서 규칙 찾기

05 어떤 규칙으로 쌓기나무를 쌓았습니다. 쌓기나무를 5층으로 쌓기 위해서는 쌓기나무가 모두 몇 개 필요합니까?

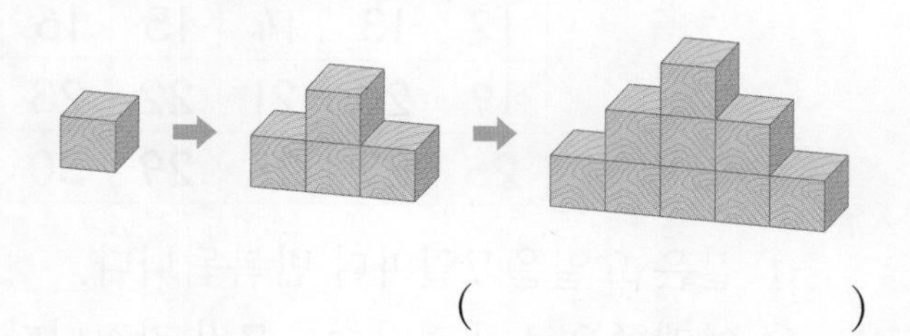

(　　　　　　　　)

3 덧셈표에서 규칙 찾기

+	5	6	7	8
5	10	11	12	13
6	11	12	13	14
7	12	13	14	15
8	13	14	15	16

① ▬ : 오른쪽으로 갈수록 1씩 커지는 규칙이 있습니다.
② ▬ : 아래쪽으로 내려갈수록 1씩 커지는 규칙이 있습니다.
③ ↙ 방향으로 같은 수가 반복됩니다.
④ 점선을 따라 접었을 때 만나는 수들은 서로 같습니다.

4 곱셈표에서 규칙 찾기

×	5	6	7	8
5	25	30	35	40
6	30	36	42	48
7	35	42	49	56
8	40	48	56	64

① 오른쪽으로 갈수록 각 단의 수만큼 커집니다.
② 아래쪽으로 내려갈수록 각 단의 수만큼 커집니다.
③ 짝수 단 곱셈구구에 있는 수는 모두 짝수입니다.
④ 점선을 따라 접었을 때 만나는 수들은 서로 같습니다.

5 생활에서 규칙 찾기

• 달력에서 규칙 찾기

12월						
일	월	화	수	목	금	토
			1	2	3	4
5	6	7	8	9	10	11
12	13	14	15	16	17	18
19	20	21	22	23	24	25
26	27	28	29	30	31	

① 같은 요일은 7일마다 반복됩니다.
② 아래쪽으로 내려갈수록 7씩 커집니다.
③ 수가 ↙ 방향으로 6씩 커집니다.
④ 수가 ↘ 방향으로 8씩 커집니다.

+ 개념

• 덧셈표에 적힌 수에 따라 여러 가지 규칙이 있습니다.

• 생활속에서 찾을 수 있는 규칙
  • 전화기, 계산기의 숫자 버튼
  • 신호등이 바뀌는 순서

정답 및 풀이 31쪽

개념 3 덧셈표에서 규칙 찾기

06 다음 덧셈표에서 찾을 수 있는 규칙은 어느 것입니까? (　　　)

+	7	8	9	10	11
7	14	15	16	17	18
8	15	16	17	18	19
9	16	17	18	19	20
10	17	18	19	20	21
11	18	19	20	21	22

① 모두 한 자리 수입니다.
② 모두 짝수입니다.
③ ↙ 방향으로 갈수록 1씩 커집니다.
④ 점선을 따라 접었을 때 만나는 수들은 서로 같습니다.
⑤ ↘ 방향으로 갈수록 1씩 커집니다.

개념 4 곱셈표에서 규칙 찾기

07 곱셈표에서 색칠된 곳과 규칙이 같은 곳을 찾아 색칠해 보시오.

×	6	7	8	9
6	36	42	48	54
7	42	49	56	63
8	48	56	64	72
9	54	63	72	81

개념 4 곱셈표에서 규칙 찾기

08 곱셈표에서 분홍색 칸에 알맞은 수를 구하고, 같은 수가 있는 칸을 찾아 색칠하시오.

×	2	4	6	8
2	4	8	12	
4	8			32
6	12			
8	16			64

개념 5 생활에서 규칙 찾기

09 어느 해 5월의 달력입니다. ↙ 방향의 수는 어떤 규칙이 있습니까?

5월						
일	월	화	수	목	금	토
		1	2	3	4	5
6	7	8	9	10	11	12
13	14	15	16	17	18	19
20	21	22	23	24	25	26
27	28	29	30	31		

(　　　　　　　　　　)

개념 5 생활에서 규칙 찾기

10 어느 해 9월 달력의 일부분입니다. 이달의 27일은 무슨 요일입니까?

9월						
일	월	화	수	목	금	토
	1	2	3	4	5	6
7	8	9	10			

(　　　　　　　　　　)

6 규칙 찾기

유형 1 무늬에서 규칙 찾기

규칙을 찾아 ㉠에 알맞은 모양을 알아보시오.

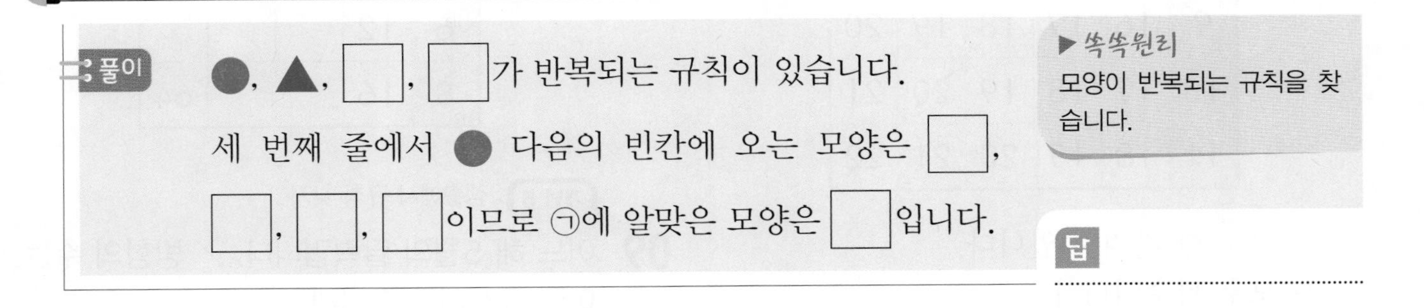

풀이 ●, ▲, ☐, ☐가 반복되는 규칙이 있습니다.

세 번째 줄에서 ● 다음의 빈칸에 오는 모양은 ☐, ☐, ☐, ☐이므로 ㉠에 알맞은 모양은 ☐입니다.

▶ 쏙쏙원리
모양이 반복되는 규칙을 찾습니다.

답

1-1 다음과 같은 규칙에 따라 실에 구슬을 꿰고 있습니다. 34번째에는 어떤 색 구슬을 꿰어야 합니까?

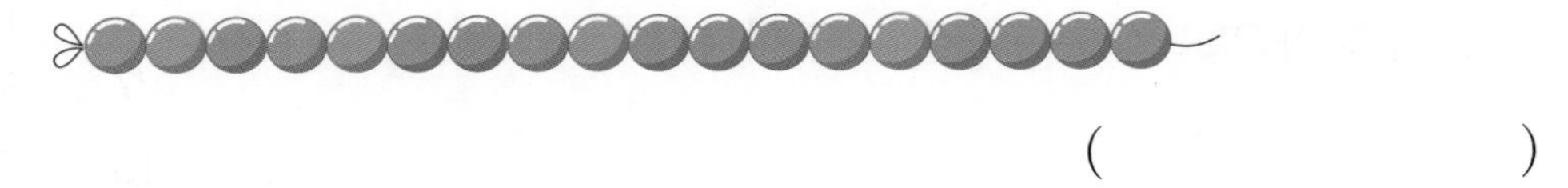

(　　　　　　)

1-2 규칙에 따라 도형을 그렸습니다. ☐ 안에 알맞은 도형을 그려 보시오.

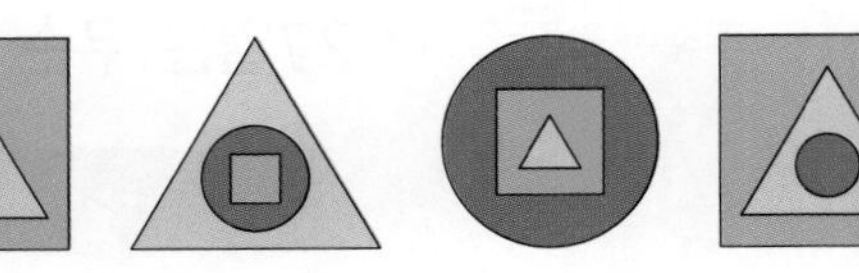

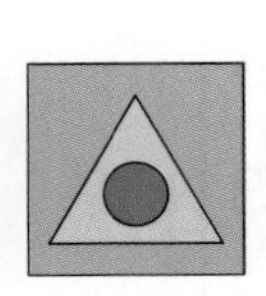

유형 2 쌓은 쌓기나무 모양에서 규칙 찾기

어떤 규칙에 따라 쌓기나무를 쌓았습니다. 쌓기나무 22개를 모두 쌓아 만든 모양은 몇 층이 됩니까?

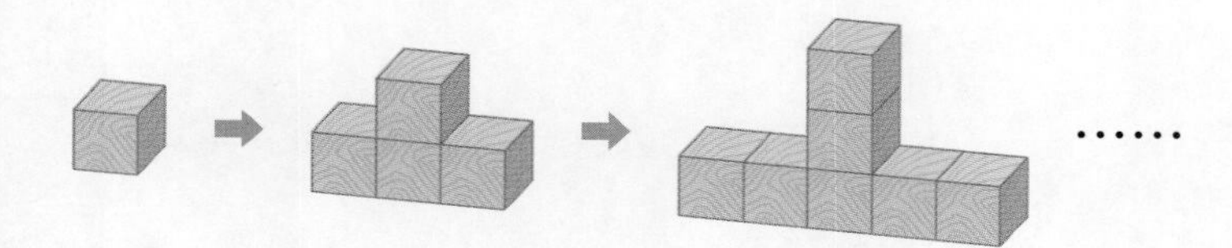

풀이

첫 번째는 1층으로 쌓았고 쌓은 쌓기나무는 1개입니다.
두 번째는 2층으로 쌓았고 쌓은 쌓기나무는 모두
1＋☐＝☐(개)입니다.
세 번째는 ☐층으로 쌓았고 쌓은 쌓기나무는 모두
1＋3＋☐＝☐(개)입니다.
1층씩 늘어날 때마다 쌓기나무는 ☐개씩 늘어나는 규칙입니다.
쌓기나무 22개를 모두 쌓아 만든 모양은
1 4 7 10 13 16 19 22에서 ☐층입니다.
＋3 ＋3 ＋3 ＋3 ＋3 ＋3 ＋3

▶ 쏙쏙원리
층수가 늘어날수록 쌓기나무가 몇 개씩 늘어나는지 알아봅니다.

답

2-1 어떤 규칙에 따라 쌓기나무를 쌓았습니다. 규칙에 따라 다섯 번째 모양을 쌓으려면 쌓기나무가 몇 개 필요합니까?

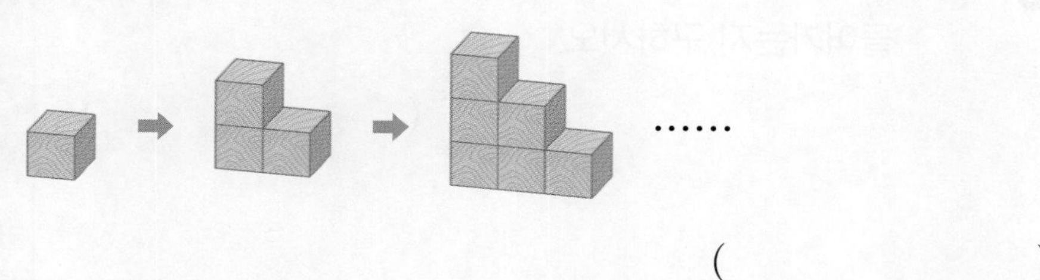

(　　　　　　　　)

6 규칙 찾기

유형 3 덧셈표에서 규칙 찾기

오른쪽 덧셈표를 완성하시오.

+	1			
1	2	3	4	5
	4	5		7
	6	7	8	9
	8	9	10	

풀이

덧셈표의 같은 줄에서 오른쪽으로 갈수록 □씩 커지는 규칙이 있습니다. 이 규칙에 맞게 ㉠, ㉡, ㉢에 각각 □, 3, □를 써넣습니다.

+	1	㉠	㉡	㉢
1	2	3	4	5
㉣	4	5	㉦	7
㉤	6	7	8	9
㉥	8	9	10	㉧

덧셈표의 같은 줄에서 아래쪽으로 내려갈수록 □씩 커지는 규칙이 있습니다. 이 규칙에 맞게 ㉣, ㉤, ㉥에 각각 3, □, □을 써넣습니다.
㉦에 $3+3=$□, ㉧에 □$+4=$□을 써넣어 위의 덧셈표를 완성합니다.

▶ 쏙쏙원리
오른쪽으로 갈 때, 아래쪽으로 내려갈 때의 규칙을 찾습니다.

3-1 덧셈표에서 ★에 알맞은 수와 같은 수는 모두 몇 번 들어가는지 구하시오.

( )

+	4	5	6	7	8
4					
5				★	
6					
7					
8					

유형 4 곱셈표에서 규칙 찾기

오른쪽 곱셈표에서 ㉠, ㉡, ㉢에 알맞은 수 중 가장 큰 수와 가장 작은 수의 차를 구하시오.

×	1	3	5	7
1			㉠	
3		9		21
5		㉡		
7	7			㉢

풀이

㉠=1×□=□, ㉡=5×□=□

㉢=□×7=□

□>□>□에서 가장 큰 수는 □, 가장 작은 수는 □이므로 두 수의 차는 □입니다.

답

▶ 쏙쏙원리
곱셈표에서 색칠한 두 칸의 수를 곱하여 ㉠, ㉡, ㉢에 알맞은 수를 각각 구합니다.

4-1 오른쪽 곱셈표에서 ㉠, ㉡, ㉢에 알맞은 수 중 가장 큰 수와 가장 작은 수의 합을 구하시오.

(   )

×	4	5	6	7
4		㉠		
5				
6	㉡			
7			㉢	

4-2 오른쪽 곱셈표를 완성하시오.

×	3			
4	12	16	20	24
	15	20		30
	18	24	30	
	21		35	42

유형 5 시계에서 규칙 찾기

규칙에 따라 시곗바늘이 움직일 때 마지막 시계가 나타내는 시각을 구하시오.

풀이 4시 → 4시 15분 → 4시 ☐분 → 4시 ☐분

☐분 ☐분 ☐분

시계의 시각이 4시부터 ☐분씩 흐르는 규칙입니다.

따라서 마지막에 알맞은 시각은 ☐시입니다.

▶ 쏙쏙원리
긴 바늘이 가리키는 숫자가 어떻게 변하는지 알아봅니다.

답

5-1 규칙에 따라 시곗바늘이 움직일 때 4번째 시계에 알맞은 시곗바늘을 그려 보시오.

5-2 규칙에 따라 시곗바늘이 움직일 때 마지막 시계가 나타내는 시각은 몇 시 몇 분입니까?

( )

유형 6 달력에서 규칙 찾기

어느 해 8월 달력의 일부분입니다. 넷째 주 토요일은 며칠입니까?

8월						
일	월	화	수	목	금	토
			1	2	3	4

풀이 달력에서 첫째 주 토요일은 ☐일이고 같은 요일은 ☐일마다 반복됩니다.

둘째 주 토요일은 ☐+7=☐(일),

셋째 주 토요일은 ☐+7=☐(일),

넷째 주 토요일은 ☐+7=☐(일)입니다.

▶ 쏙쏙원리
달력에서 같은 요일은 7일마다 반복됩니다.

답 ....

6-1 어느 해 3월 달력의 일부분입니다. 다섯째 주 화요일은 며칠입니까?

3월						
일	월	화	수	목	금	토
1	2	3	4	5	6	7

(　　　　　　　)

6-2 어느 해 12월의 달력입니다. 다음 달의 26일은 무슨 요일입니까?

12월						
일	월	화	수	목	금	토
	1	2	3	4	5	6
7	8	9	10	11	12	13
14	15	16	17	18	19	20
21	22	23	24	25	26	27
28	29	30	31			

(　　　　　　　)

6 규칙 찾기

종합응용력완성

01 색칠한 수의 규칙을 찾아 나머지 수에 색칠하시오.

1	2	3	4	5	6	7
8	9	10	11	12	13	14
15	16	17	18	19	20	21
22	23	24	25	26	27	28

색칠한 수를 나열하여 규칙을 찾아봅니다.

02 규칙을 찾아 빈칸에 모양을 그려 보시오.

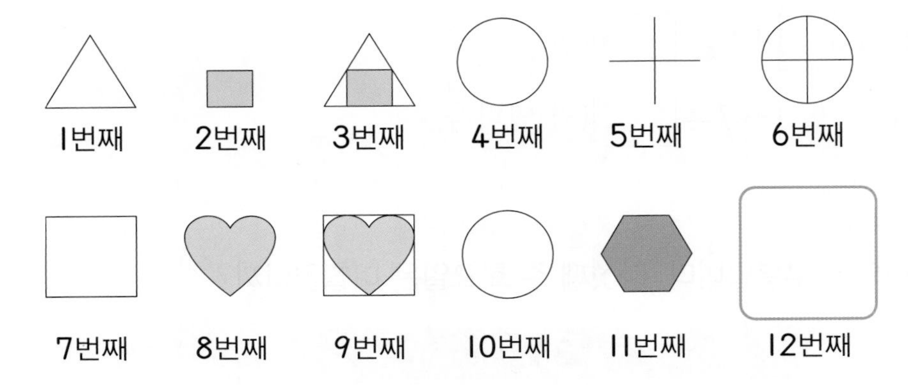

03 어느 해 7월 달력의 일부분입니다. 같은 해 어린이날은 무슨 요일입니까?

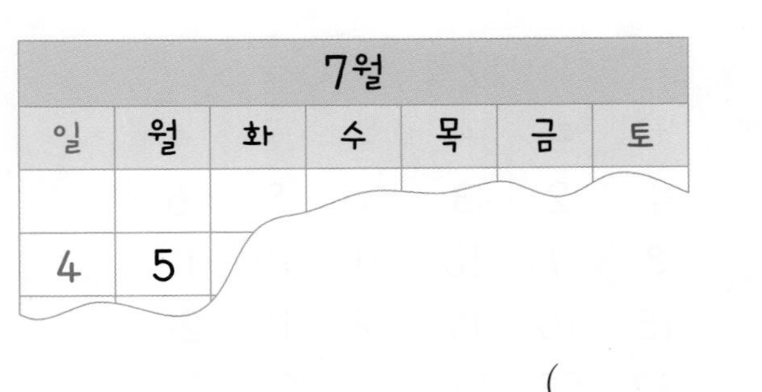

( )

같은 요일은 7일마다 반복됩니다.

04 덧셈표에서 빨간색 점선을 따라 접었을 때, ㉮, ㉯, ㉰가 각각 만나는 수의 합을 구하시오.

점선을 따라 접었을 때 ㉮, ㉯, ㉰가 만나는 칸을 먼저 찾습니다.

+	5		7	8	
			8		
3	㉮				12
5		11		13	
	12				㉰
9			㉯		

( )

05 오른쪽 원 모양에 적힌 수를 보고 태은이와 나윤이가 각자 규칙에 따라 수를 적었습니다. ㉠과 ㉡에 알맞은 수의 합을 구하시오.

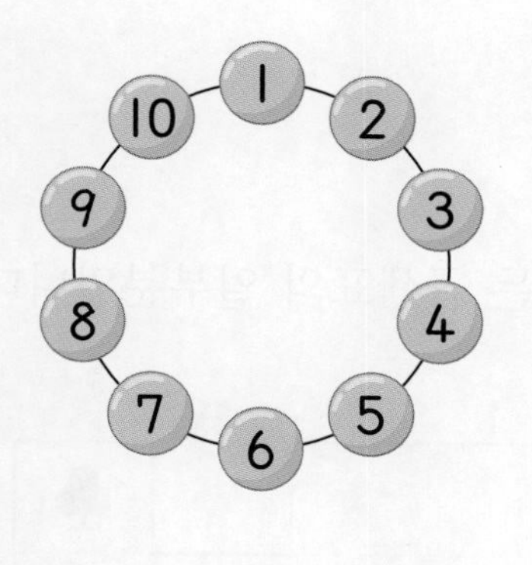

표에 적힌 수의 규칙을 알아봅니다.

태은	1	5	9	3	7	1	㉠

나윤	3	5	6	8	9	1	㉡

( )

6 규칙 찾기

06 시계를 보고 규칙을 찾아 여섯 번째 시계가 나타내는 시각을 구하시오.

> 시계가 나타내는 시각을 구하여 시각 사이의 규칙을 찾습니다.

( )

07 어느 해 9월 달력의 일부분입니다. 다음 달 셋째 주 월요일과 넷째 주 목요일의 날짜의 합은 얼마입니까?

> 9월은 30일까지 있습니다.

9월						
일	월	화	수	목	금	토
					1	2

( )

08 일정한 규칙으로 만든 곱셈표의 일부분입니다. ★, ♣의 합을 구하시오.

> 가로줄에서의 규칙과 세로줄에서의 규칙을 찾습니다.

	★		♣
		35	
18	30		
21			63

( )

09 다음은 수아네 반의 사물함 번호를 나타낸 것입니다. 수아의 사물함은 **마열** 여섯 번째입니다. 수아의 사물함 번호는 몇 번입니까?

→ 방향과 ↓ 방향의 규칙을 찾아 봅니다.

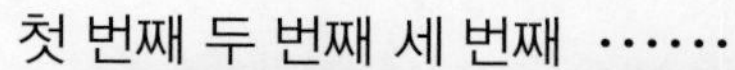

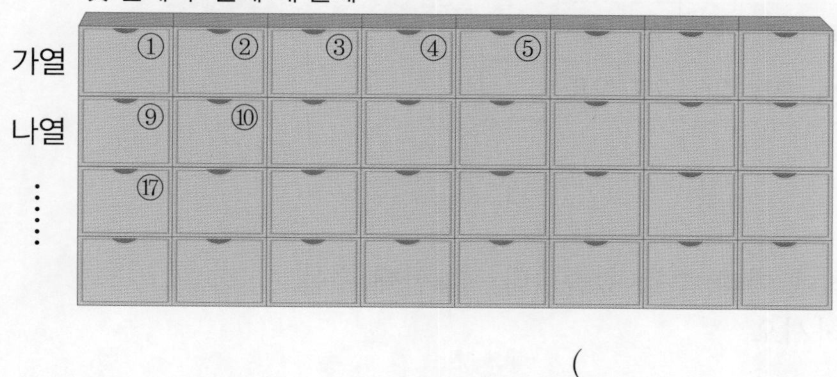

(　　　　　　　　)

10 어떤 규칙에 따라 모양이 변하는 그림입니다. 빈칸에 알맞은 모양을 그려 보시오.

색깔, 모양의 변화를 살펴봅니다.

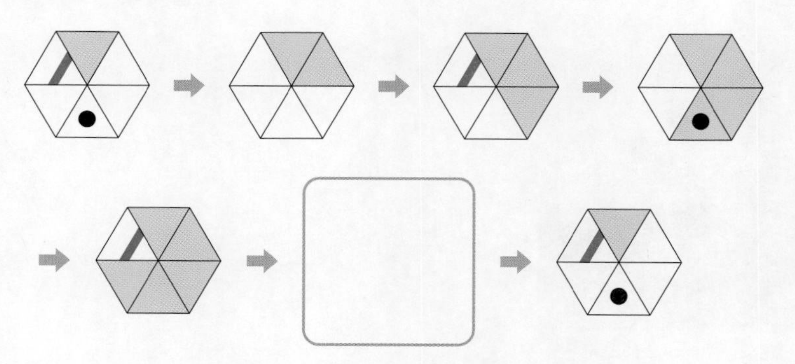

11 규칙에 따라 28에 알맞은 모양을 □ 안에 그려 보시오.

> 모양에서 규칙을 찾아봅니다.

●	▲	●	■	♥	●	▲
●	■	♥	♥	●	▲	●
■	♥	♥	♥	●	▲	●
■	♥	24	25	26	27	28

□

12 미우와 서희가 각각 규칙에 따라 수를 썼습니다. 14번째 수는 누가 얼마나 더 큰지 구하시오.

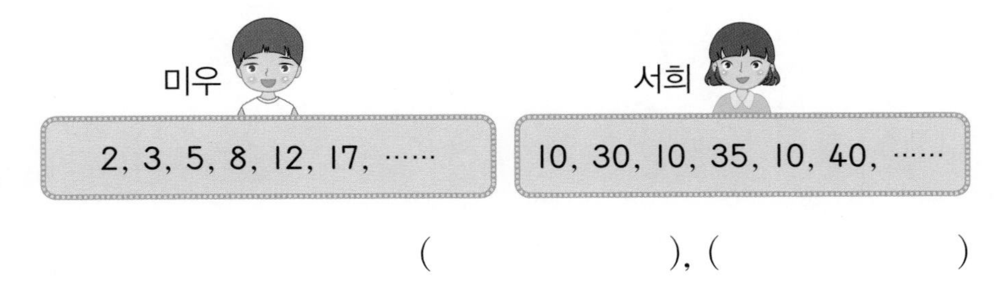

(　　　　　　), (　　　　　　)

서술형

13 어떤 규칙에 따라 상자를 벽에 붙여 쌓은 것입니다. 1층에 놓인 상자가 31개일 때, 상자는 모두 몇 개를 쌓은 것인지 풀이 과정을 쓰고 답을 구하시오.

> 아래쪽으로 내려갈수록 몇 개씩 늘어나는지 상자의 규칙을 찾아봅니다.

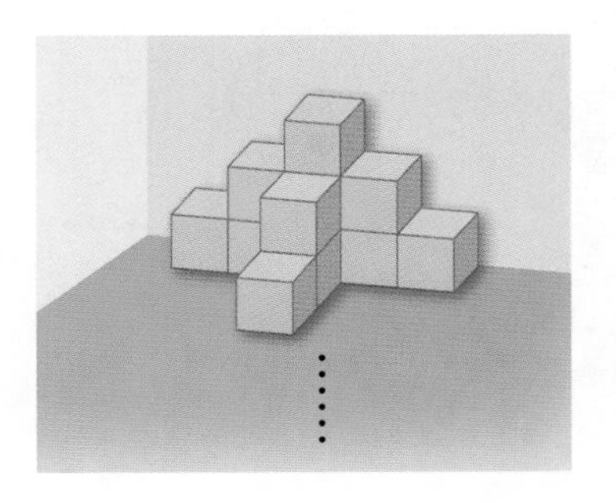

풀이

답

최상위실력완성

창의 U 융합

01 | 보기 |를 보고 기호 ◆의 규칙을 찾아 ㉠, ㉡의 차를 구하시오.

| 보기 |

4◆5=11　　2◆8=6
6◆3=9　　7◆4=17

8◆5=㉠　　3◆9=㉡

(　　　　　)

02 규칙에 따라 수를 늘어놓은 것입니다. 수를 26개까지 늘어놓았을 때 늘어놓은 수들의 합을 구하시오.

7, 0, 3, 7, 7, 0, 3, 9, 7, 0, 4, 1, 7, 0……

(　　　　　)

A급 노트

03 다음은 어떤 규칙에 따라 바둑돌을 놓은 것입니다. 87째 줄에 놓인 흰 돌은 몇 개입니까?

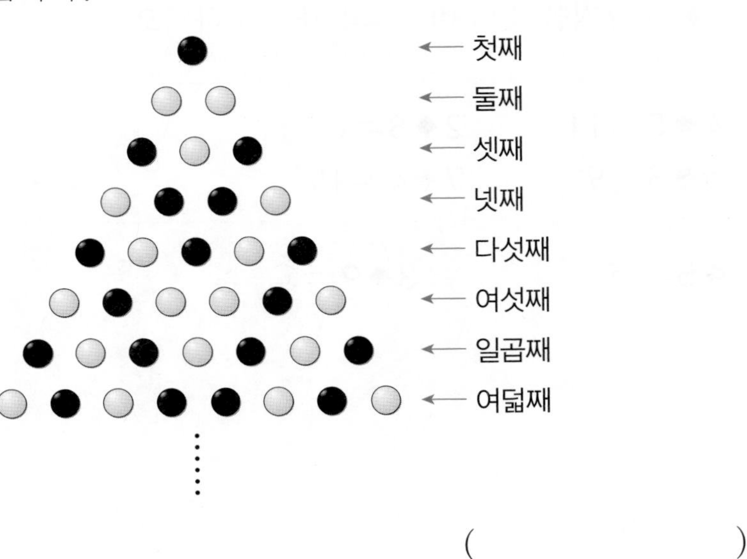

(　　　　　　　)

04 어떤 규칙으로 쌓기나무를 쌓은 것입니다. 여섯 번째에 놓인 쌓기나무는 몇 개입니까?

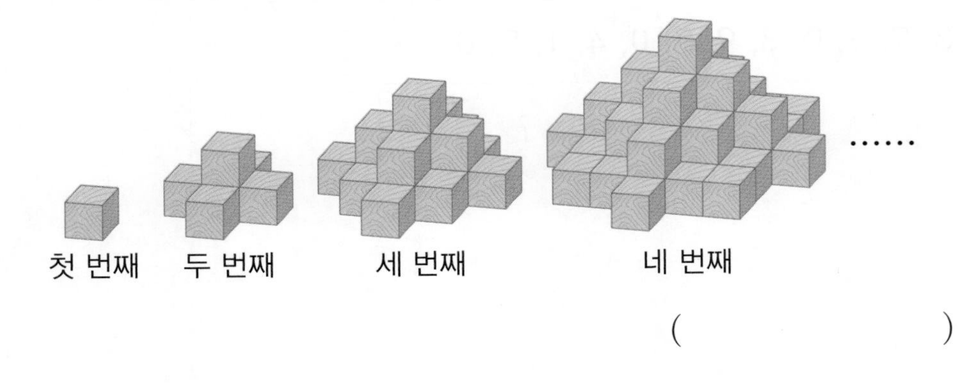

(　　　　　　　)

A급 노트

MEMO

MEMO

바다를 보면 바다를 닮고
나무를 보면 나무를 닮고
모두 자신이 바라보는 걸 닮아갑니다.
우리는 지금 어디를 보고 있나요?

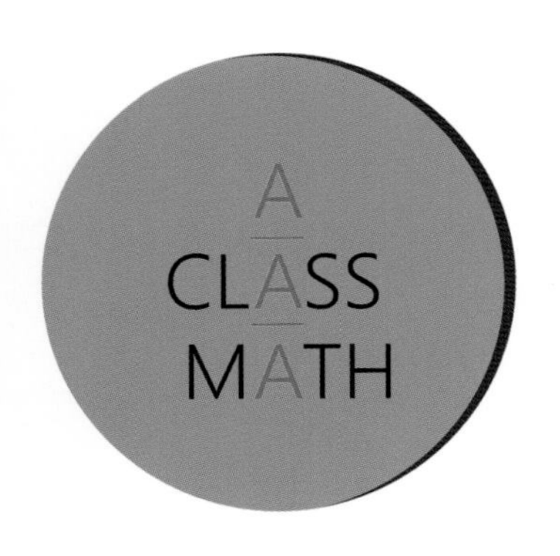
A
CLASS
MATH

A-class Math
상 위 권 의 지 름 길

초 등 수 학 의 완 성

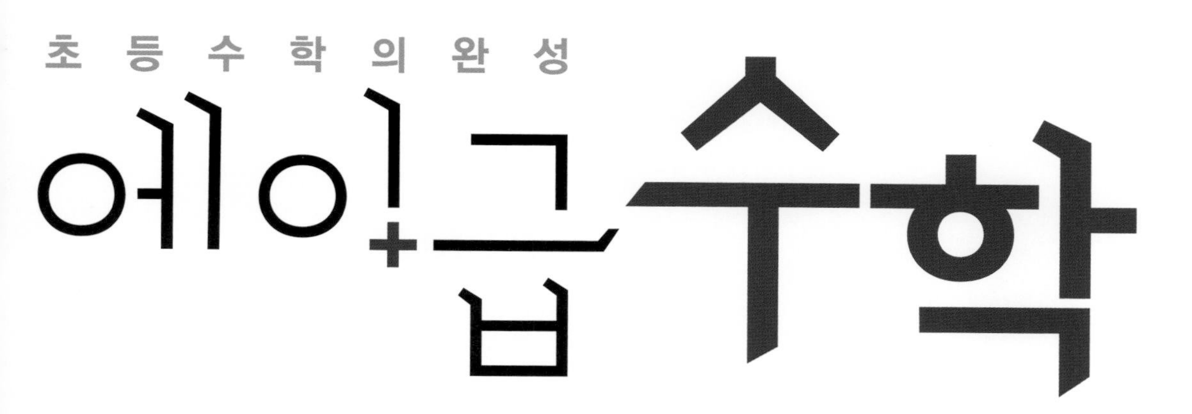

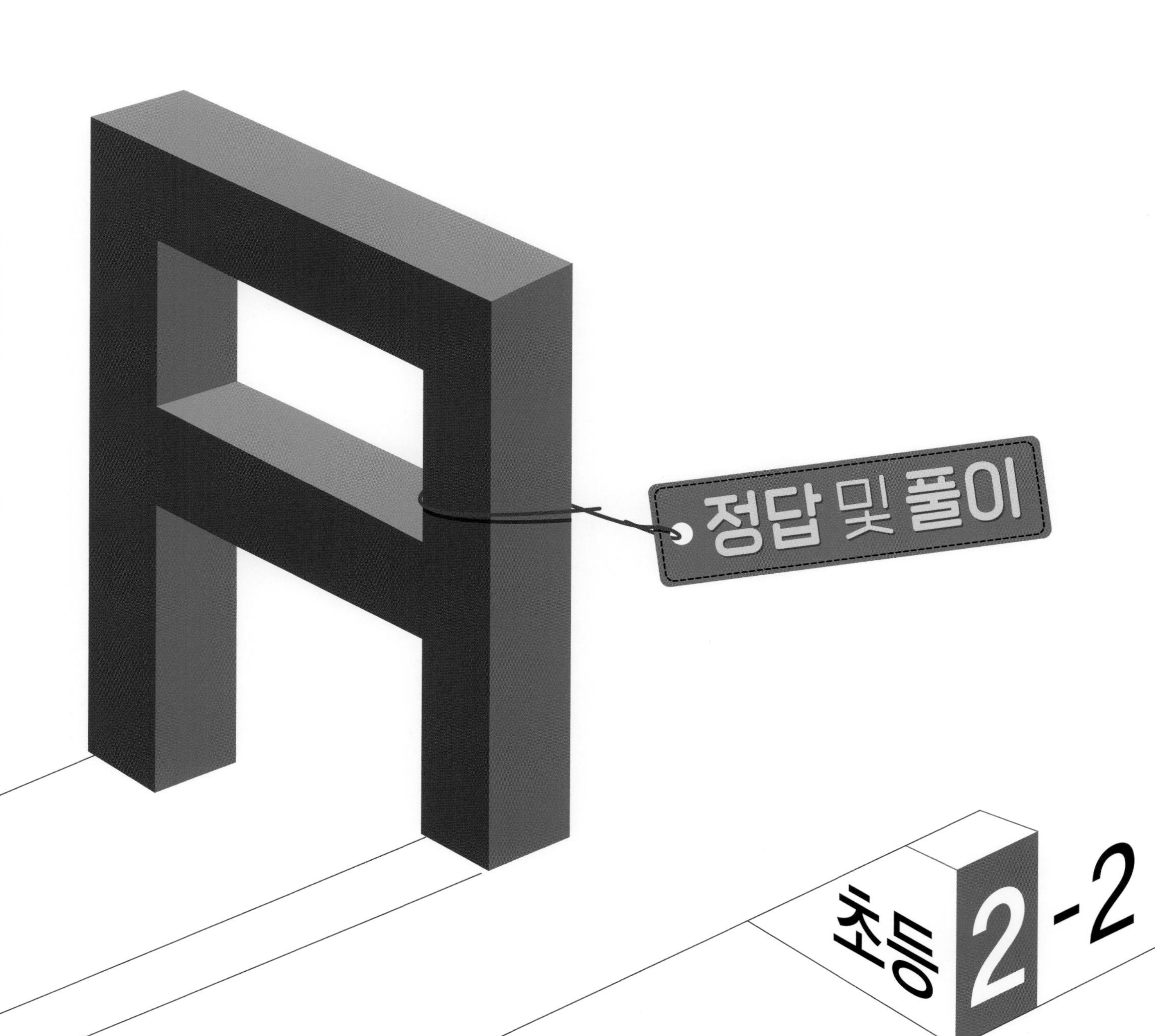

차례

1. 네 자리 수

개념 더블체크

본문 007~011쪽

01 ㉠ 02 (1) 300 (2) 50
03 200원 04 (선 잇기)
05 6통 06 4000원 07 5, 100, 3, 9
08 쓰기: 8743, 읽기: 팔천칠백사십삼
09 4150원 10 9503에 ○표
11 (1) 4000, 10 (2) 5015
12 가장 큰 수: ㉢, 가장 작은 수: ㉣
13 6198, 6208, 6228 14 2525
15 8560원 16 (1) $<$ (2) $>$
17 은수 18 2개

01 ㉠ 991 ㉡ 1000 ㉢ 1000

답 ㉠

02 (1) 700보다 300만큼 더 큰 수는 1000입니다.
(2) 950보다 50만큼 더 큰 수는 1000입니다.

답 (1) 300 (2) 50

03 1000은 100이 10개인 수이므로 100원을 10개 묶으면 남는 돈은 200원입니다.

답 200원

04
- 1000이 3개인 수는 3000입니다.
- 1000이 7개인 수는 7000입니다.
- 5000은 1000이 5개인 수입니다.

답 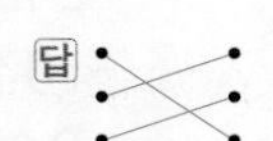

05 6000은 1000이 6개인 수입니다. 따라서 머리끈은 모두 6통이 됩니다.

답 6통

06 1000이 4개이면 4000이므로 지윤이가 쓴 금액은 4000원입니다.

답 4000원

07 5139는 1000이 5개, 100이 1개, 10이 3개, 1이 9개인 수입니다.

답 5, 100, 3, 9

08 1000이 8개, 100이 7개, 10이 4개, 1이 3개인 수는 8743이므로 팔천칠백사십삼이라고 읽습니다.

답 쓰기: 8743, 읽기: 팔천칠백사십삼

09 1000원짜리 지폐 3장, 100원짜리 동전 11개, 10원짜리 동전 5개는 1000이 3개, 100이 11개, 10이 5개인 수와 같습니다.
따라서 1000이 (3＋1)개, 100이 1개, 10이 5개인 수는 4150이므로 민정이가 가지고 있는 돈은 4150원입니다.

답 4150원

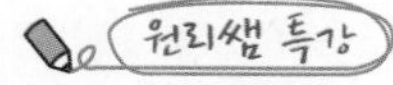

1000이 ■개, 100이 ●▲개인 수는 1000이 (■＋●)개, 100이 ▲개인 수입니다.

10 백의 자리 숫자를 각각 알아보면
4317 ➡ 3 9503 ➡ 5 8495 ➡ 4
$5>4>3$이므로 백의 자리 숫자가 가장 큰 수는 9503입니다.

답 9503에 ○표

11 (1) 4217은 1000이 4개, 100이 2개, 10이 1개, 1이 7개 ➡ 4217＝4000＋200＋10＋7
(2) 1000이 5개, 100이 0개, 10이 1개, 1이 5개이므로 5015입니다.
➡ 5015＝5000＋10＋5

답 (1) 4000, 10 (2) 5015

12 숫자 6이 나타내는 값을 각각 알아보면
㉠ 600 ㉡ 60 ㉢ 6000 ㉣ 6
따라서 숫자 6이 나타내는 값이 가장 큰 수는 ㉢이고 가장 작은 수는 ㉣입니다.

답 가장 큰 수: ㉢, 가장 작은 수: ㉣

13 6178에서 6188로 십의 자리 숫자가 1 커졌으므로 10씩 뛰어 센 것입니다.
6178－6188－6198－6208－6218－6228

답 6198, 6208, 6228

10씩 뛰어 셀 때 십의 자리 숫자가 9이면 다음 수는 십의 자리 숫자가 0이 되고 백의 자리 숫자가 1 커집니다.

14 100씩 뛰어 세면 백의 자리 숫자가 1씩 커지므로 2025부터 100씩 5번 뛰어 세면
2025－2125－2225－2325－2425－2525

답 2525

15 한 달에 1000원씩 계속 저금하므로 4560부터 1000씩 뛰어 세어 봅니다.

4560(5월) − 5560(6월) − 6560(7월) − 7560(8월) − 8560(9월)

답 8560원

16 (1) 3001 < 4200 (3<4) (2) 7293 > 7256 (9>5)

답 (1) < (2) >

17 희준: 오천육백오 → 5605

은수: 1000이 5개, 100이 6개, 10이 4개인 수는 5640

5605 < 5640 (0<4)

따라서 더 큰 수를 말한 사람은 은수입니다.

답 은수

18 7534 > 7455, 7534 < 7560, 7534 < 7600, 7534 > 7530, 7534 > 7533이므로 7534보다 큰 수는 7560, 7600으로 2개입니다.

답 2개

STEP C 교과서유형완성

본문 012~018쪽

유형 1 10, 10, 10, 2 / 2개

1-1 3묶음 **1-2** 54상자 **1-3** 6개

유형 2 5, 2, 6, 4629 / 4629개

2-1 6265개 **2-2** 7459장 **2-3** 8503개

유형 3 3, 8, 7, 5, 3875 / 3875

3-1 2047 **3-2** 1358

유형 4 2, 4, 3 / 3개

4-1 5개 **4-2** 4개

유형 5 천, 1000, 7684, 8684, 8684 / 8684

5-1 10 **5-2** ㉠: 8322, ㉡: 8022

유형 6 4, 3, 6, 4563 / 4563

6-1 7698

유형 7 3600, 4800, 6000, 7200, 6 / 6권

7-1 4개 **7-2** 500원 **7-3** 300원

1-1 1000은 100이 10개인 수이므로 1000장은 100장짜리가 10묶음입니다. 유나는 한지를 100장씩 7묶음 가지고 있으므로 1000장이 되려면 한지는 100장씩 10−7=3(묶음) 더 필요합니다.

답 3묶음

1-2 1000은 100이 10개인 수이므로 1000개를 한 상자에 10개씩 담으려면 100 상자가 필요합니다. 지금까지 46 상자 담았으므로 앞으로 100−46=54(상자)를 더 담아야 합니다.

답 54상자

1-3 500이 2개이면 1000이고 1000은 100이 10개입니다.

500원짜리 동전 2개를 모두 100원짜리로 바꾸면 100원짜리 동전이 10개가 됩니다. 100원인 게임을 4번하고 남은 동전은 10−4=6(개)입니다.

답 6개

2-1 100개씩 11상자는 1000개씩 1상자, 100개씩 1상자입니다.

10개씩 16상자는 100개씩 1상자, 10개씩 6상자입니다.

구슬은 1000개씩 6상자, 100개씩 2상자, 10개씩 6상자, 낱개 5개이므로 6265개입니다.

답 6265개

2-2 100장씩 32묶음은 1000장씩 3묶음, 100장씩 2묶음입니다.

10장씩 25묶음은 100장씩 2묶음, 10장씩 5묶음입니다.

색종이는 1000장씩 7묶음, 100장씩 4묶음, 10장씩 5묶음, 낱개 9장이므로 7459장입니다.

답 7459장

2-3 100개씩 24묶음은 1000개씩 2묶음, 100개씩 4묶음입니다.

낱개 13개는 10개씩 1묶음, 낱개 3개입니다.

볼펜은 1000개씩 8묶음, 100개씩 4묶음, 10개씩 10묶음, 낱개 3개입니다.

이때 10개씩 10묶음은 100개씩 1묶음이므로 볼펜은 1000개씩 8묶음, 100개씩 5묶음, 낱개 3개입니다.

따라서 8503개입니다.

답 8503개

3-1 수 카드의 수를 비교하면 0＜2＜4＜7＜9입니다.
가장 작은 네 자리 수는 높은 자리에 작은 숫자부터 차례로 놓아 만듭니다.
0은 천의 자리에 올 수 없으므로 두 번째로 작은 숫자인 2를 놓은 다음 작은 숫자부터 차례로 놓으면 가장 작은 네 자리 수는 2047입니다.

답 2047

3-2 수 카드의 수를 비교하면 1＜3＜5＜6＜8이므로 만들 수 있는 가장 작은 네 자리 수는 1356입니다.
이때 만들 수 있는 두 번째로 작은 수는 천, 백, 십의 자리 숫자는 그대로 두고 일의 자리에 다섯 번째로 작은 숫자 8을 넣은 1358입니다.

답 1358

4-1 백의 자리 숫자를 비교하면 3＜4이므로 □ 안에는 6보다 작은 수가 들어가야 합니다.
따라서 □ 안에 들어갈 수 있는 수는 1, 2, 3, 4, 5로 모두 5개입니다.

답 5개

4-2 천의 자리 숫자는 같고 십의 자리 숫자를 비교하면 6＞4이므로 □ 안에는 3이거나 3보다 작은 수가 들어가야 합니다.
따라서 □ 안에 들어갈 수 있는 수는 0, 1, 2, 3으로 모두 4개입니다.

답 4개

5-1 6187과 6237을 비교하면 백의 자리 숫자와 십의 자리 숫자가 다릅니다.
6187－6197－6207－6217－6227－6237이므로 10씩 5번 뛰어 센 것입니다.

답 10

5-2 8372에서 8272로 2번 뛰어 세어 백의 자리 숫자가 1 작아졌으므로 작아지는 규칙으로 50씩 뛰어 세는 규칙입니다.
8372－8322－8272－8222－8172－8122－8072－8022이므로
㉠은 8322, ㉡은 8022입니다.

답 ㉠: 8322, ㉡: 8022

6-1 첫 번째 조건에서 7000보다 크고 8000보다 작으므로 천의 자리 숫자는 7입니다.
두 번째 조건에서 일의 자리 숫자는 8이고 십의 자리 숫자는 일의 자리 숫자보다 크므로 9입니다.
세 번째 조건에서 30－7－8－9＝6이므로 백의 자리 숫자는 6입니다.
따라서 조건을 모두 만족하는 네 자리 수는 7698입니다.

답 7698

7-1 빵이 한 개에 1700원이므로 1700씩 뛰어 세면
1700(1개)－3400(2개)－5100(3개)－6800(4개)－8500(5개)
입니다.
따라서 빵을 4개까지 살 수 있습니다.

답 4개

7-2 1600씩 5번 뛰어 세면 1600－3200－4800－6400－8000이므로 5개를 사려면 8000원이 필요합니다.
8000은 7500보다 500 큰 수이므로 500원이 더 필요합니다.

답 500원

7-3 하린이가 가진 돈은 8700원이고 1500씩 뛰어 세면 1500－3000－4500－6000－7500－9000이므로 돈을 남기지 않으려면 주스를 적어도 6병 사야 합니다.
9000은 8700보다 300 큰 수이므로 적어도 300원이 더 있어야 합니다.

답 300원

STEP B 종합응용력완성

본문 019~022쪽

01 820　02 17개　03 8942　04 4171
05 6주일　06 3767　07 5680　08 8개
09 ㉢, ㉡, ㉠, ㉣　10 16가지
11 25개　12 6일째

01 가장 큰 네 자리 수는 9876이므로 ㉠＝800
가장 작은 네 자리 수는 1023이므로 ㉡＝20
➡ ㉠＋㉡＝800＋20＝820

답 820

02 $2<4<5<7<8$이므로 만들 수 있는 가장 작은 네 자리 수는 2457, 두 번째로 작은 수는 2458, 세 번째로 작은 수는 2475입니다.
따라서 2458부터 2474까지의 수는 모두 17개입니다.

답 17개

03 1000이 3개 ➡ 3000
100이 45개 ➡ 4500
10이 53개 ➡ 530
1이 12개 ➡ 12

8042

8042에서 커지는 규칙으로 150씩 6번 뛰어 세면 8042－8192－8342－8492－8642－8792－8942입니다. 따라서 구하는 수는 8942입니다.

답 8942

04 어떤 수에서 커지는 규칙으로 50씩 7번 뛰어 세어 4581이 되었으므로 어떤 수는 4581에서 작아지는 규칙으로 50씩 7번 뛰어 센 수입니다.
4581－4531－4481－4431－4381－4331－4281－4231이므로 어떤 수는 4231입니다.
4231에서 작아지는 규칙으로 10씩 6번 뛰어 세면 4231－4221－4211－4201－4191－4181－4171입니다.
따라서 구하는 수는 4171입니다.

답 4171

05 8700원짜리 만화책을 사기 위해서는 8700원이거나 8700원이 넘는 돈을 모아야 합니다. 현재 승주가 모은 돈은 3000원이고 1000씩 뛰어 세면
3000－4000(1주일)－5000(2주일)－6000(3주일)－7000(4주일)－8000(5주일)－9000(6주일)입니다.
따라서 승주는 6주일 더 모아야 만화책을 살 수 있습니다.

답 6주일

06 천의 자리 숫자가 3, 십의 자리 숫자가 6, 일의 자리 숫자가 7인 수는 3□67입니다.
3□67＞3667이므로 □ 안에 들어갈 수 있는 수는 7, 8, 9입니다.
3767, 3867, 3967 중에서 3809보다 작은 수는 3767입니다.

답 3767

07 6598－6496－6394－6292에서 백의 자리 숫자는 1씩 작아지고 일의 자리 숫자는 2씩 작아지고 있으므로 102씩 거꾸로 뛰어 세는 규칙입니다.
6292부터 102씩 뛰어 세면
6292－6190－6088－5986－5884－5782－5680……입니다.
따라서 5782와 5680 중에서 5700에 더 가까운 수는 5680입니다.

답 5680

08 예 ❶ 1000이 1개 ➡ 1000
500이 3개 ➡ 1500
100이 13개 ➡ 1300
10이 25개 ➡ 250

4050

따라서 지혜가 가진 돈은 4050원입니다.
❷ 500씩 뛰어 세면
500(1개)－1000(2개)－1500(3개)－2000(4개)－2500(5개)－3000(6개)－3500(7개)－4000(8개)－4500(9개)이므로 탱탱볼은 8개까지 살 수 있습니다.

답 8개

채점기준	배점	
❶ 지혜가 가진 돈 구하기	2점	5점
❷ 탱탱볼을 몇 개 살 수 있는지 구하기	3점	

09 ㉡ 61□9, ㉢ 630□는 천의 자리 숫자가 6이고 ㉠ 5□54, ㉣ 503□는 천의 자리 숫자가 5이므로 ㉡, ㉢은 ㉠, ㉣보다 큽니다.
㉡ 61□9와 ㉢ 630□를 비교하면 백의 자리 숫자가 $1<3$이므로 ㉡＜㉢입니다.
㉠ 5□54와 ㉣ 503□를 비교하면
5□54의 백의 자리 숫자에 가장 작은 숫자인 0을 넣어도 십의 자리 숫자가 $5>3$이므로 ㉠＞㉣입니다.
따라서 ㉢＞㉡＞㉠＞㉣이므로 큰 수부터 차례로

기호를 쓰면 ㉢, ㉡, ㉠, ㉣입니다.

답 ㉢, ㉡, ㉠, ㉣

10 5㉠63 > 58㉡5이므로 ㉠은 8보다 크거나 같은 숫자입니다. 따라서 ㉠은 8, 9가 될 수 있습니다.

• ㉠=8일 때
㉡은 5, 4, 3, 2, 1, 0이므로 (8, ㉡)은 6가지입니다.

• ㉠=9일 때
㉡은 9, 8, 7, 6, 5, 4, 3, 2, 1, 0이므로 (9, ㉡)은 10가지입니다.

➡ $6+10=16$(가지)

답 16가지

11 8050보다 크고 9350보다 작은 네 자리 수의 천의 자리 숫자는 8 또는 9입니다.
이때 십의 자리 숫자가 백의 자리 숫자의 3배인 경우는
813□, 826□, 839□, 913□, 926□입니다.
짝수는 일의 자리 숫자가 0, 2, 4, 6, 8이므로 구하는 네 자리 수는 다음과 같습니다.
8130, 8132, 8134, 8136, 8138 ➡ 5개
8260, 8262, 8264, 8266, 8268 ➡ 5개
8390, 8392, 8394, 8396, 8398 ➡ 5개
9130, 9132, 9134, 9136, 9138 ➡ 5개
9260, 9262, 9264, 9266, 9268 ➡ 5개
따라서 구하는 네 자리 수는 모두
$5+5+5+5+5=25$(개)입니다.

답 25개

12 700은 100이 7개이고, 1000은 100이 10개이므로 하루에 모자가 $10-7=3$(개)인 300개씩 더 늘어나는 것과 같습니다.
1450에서 300씩 뛰어 세면
1450 − 1750(1일째) − 2050(2일째) − 2350(3일째) − 2650(4일째) − 2950(5일째) − 3250(6일째)입니다.
따라서 모자를 판매한 지 6일째에 공장에 있는 모자가 3000개를 넘습니다.

답 6일째

STEP A 최상위실력완성

본문 023~024쪽

01 1, 2, 4, 5, 6 **02** 27가지
03 15개 **04** 39개 **05** 93번

01 A급비법 5장의 수 카드를 1, 2, 4, 6, □로 놓고 네 자리 수를 만들어 봅니다.

수 카드	가장 작은 수	두 번째로 작은 수
1, 2, 4, 6, 3	1234	1236
1, 2, 4, 6, 5	1245	1246
1, 2, 4, 6, 7	1246	1247
1, 2, 4, 6, 8	1246	1248
1, 2, 4, 6, 9	1246	1249

따라서 5장의 수 카드는 1, 2, 4, 5, 6입니다.

답 1, 2, 4, 5, 6

02 A급비법 주스만 주문하는 경우도 포함해야 합니다.
한 가지만 주문하는 경우 1, 2 ➡ 2가지
두 가지를 주문하는 경우 (1, 2), (1, 3), (1, 4), (1, 5), (1, 6), (2, 3), (2, 4), (2, 5), (2, 6) ➡ 9가지
세 가지를 주문하는 경우 (1, 2, 4), (1, 3, 4), (1, 3, 5), (1, 3, 6), (1, 4, 5), (1, 4, 6), (1, 5, 6), (2, 3, 4), (2, 3, 5), (2, 3, 6), (2, 4, 5), (2, 4, 6), (2, 5, 6) ➡ 13가지
네 가지를 주문하는 경우 (2, 3, 4, 5), (2, 3, 4, 6), (2, 4, 5, 6) ➡ 3가지
따라서 9500원으로 주문할 수 있는 방법은
$2+9+13+3=27$(가지)입니다.

답 27가지

03 A급비법 가장 큰 네 자리 수는 9999이고 각 자리의 숫자의 합은 36입니다.
네 자리 수의 각 자리의 숫자의 합이 33보다 큰 경우를 찾아 보면 다음과 같습니다.
• 각 자리의 숫자의 합이 34인 경우:
7999, 9799, 9979, 9997, 8998,

8899, 8989, 9889, 9898, 9988
- 각 자리의 숫자의 합이 35인 경우:
  8999, 9899, 9989, 9998
- 각 자리의 숫자의 합이 36인 경우: 9999

➡ $10+4+1=15$(개)

답 15개

04 A급비법 (십의 자리 숫자)$=13-$(일의 자리 숫자)

5000보다 크고 6000보다 작으므로 천의 자리 숫자는 5입니다.
십의 자리 숫자와 일의 자리 숫자의 합이 13이므로 (십의 자리 숫자, 일의 자리 숫자)는 (4, 9), (5, 8), (6, 7), (7, 6), (8, 5), (9, 4)입니다.
백의 자리 숫자는 십의 자리 숫자보다 작으므로
십의 자리 숫자가 4인 경우 백의 자리에 올 수 있는 숫자는 0, 1, 2, 3
➡ 5049, 5149, 5249, 5349의 4개
십의 자리 숫자가 5인 경우 백의 자리에 올 수 있는 숫자는 0, 1, 2, 3, 4
➡ 5058, 5158, 5258, 5358, 5458의 5개
십의 자리 숫자가 6인 경우 백의 자리에 올 수 있는 숫자는 0, 1, 2, 3, 4, 5
➡ 5067, 5167, 5267, 5367, 5467, 5567의 6개
십의 자리 숫자가 7인 경우 백의 자리에 올 수 있는 숫자는 0, 1, 2, 3, 4, 5, 6
➡ 5076, 5176, 5276, 5376, 5476, 5576, 5676의 7개
십의 자리 숫자가 8인 경우 백의 자리에 올 수 있는 숫자는 0, 1, 2, 3, 4, 5, 6, 7
➡ 5085, 5185, 5285, 5385, 5485, 5585, 5685, 5785의 8개
십의 자리 숫자가 9인 경우 백의 자리에 올 수 있는 숫자는 0, 1, 2, 3, 4, 5, 6, 7, 8
➡ 5094, 5194, 5294, 5394, 5494, 5594, 5694, 5794, 5894의 9개
따라서 구하는 네 자리 수는 모두
$4+5+6+7+8+9=39$(개)입니다.

답 39개

05 A급비법 숫자 8이 쓰이는 자리는 일의 자리와 십의 자리입니다.

일의 자리 숫자가 8인 경우:
2078, 2088, 2098 ➡ 3번
2108, 2118……2198 ➡ 10번
2208, 2218……2298 ➡ 10번
2308, 2318……2398 ➡ 10번
2408, 2418……2498 ➡ 10번
십의 자리 숫자가 8인 경우:
2080, 2081……2089 ➡ 10번
2180, 2181……2189 ➡ 10번
2280, 2281……2289 ➡ 10번
2380, 2381……2389 ➡ 10번
2480, 2481……2489 ➡ 10번
따라서 숫자 8은 모두
$3+10+10+10+10+10+10+10+10+10=93$(번) 쓰게 됩니다.

답 93번

오랫동안 책을 보거나 휴대폰을 보고 있으면
눈에 피로가 많이 쌓입니다.
잠깐 눈을 감고 눈 주위를 꾹꾹 눌러주세요.
(잠시 눈 좀 감았더니 세 시간 자버렸네.)

2. 곱셈구구

개념 더블체크

본문 027~031쪽

01

×	1	3	4	7	8
2	2	6	8	14	16
5	5	15	20	35	40

02 5개　03 16컵　04 6, 54
05 (1) 9 (2) 7　06 36개　07 ⑤
08 (1) 2 (2) 4　09 $>$　10 $<$
11 11　12 6, 5, 4
13 복숭아, 13개　14 (1) 2 (2) 0 (3) 1 (4) 0
15 8권　16 6점
17 (위에서부터) 28, 35, 42, 49, 56, 63
예 7단 곱셈구구의 곱이므로 7씩 커지는 규칙이 있습니다.
18 6×6, 9×4　19 24, 72

01 답

×	1	3	4	7	8
2	2	6	8	14	16
5	5	15	20	35	40

02 $5\times2=10$, $5\times3=15$, $5\times5=25$, $5\times6=30$, $5\times7=35$이므로 5개입니다.

답 5개

다른풀이 5단 곱셈구구의 곱의 일의 자리 숫자는 5 또는 0입니다. 따라서 10, 15, 25, 30, 35의 5개입니다.

03 수아는 하루에 우유를 2컵씩 마시므로 8일 동안 마시는 우유는 $2\times8=16$(컵)입니다.

답 16컵

04 $3\times2=6$ ➡ $6\times9=54$

답 6, 54

05 (1) $3\times9=27$이므로 $\square=9$입니다.
(2) $6\times7=42$이므로 $\square=7$입니다.

답 (1) 9 (2) 7

06 8상자에서 2상자가 팔린다면 $8-2=6$(상자)가 남으므로 남는 빵은 $6\times6=36$(개)입니다.

답 36개

07 ① $4\times3=12$ ② $4\times4=16$ ③ $4\times6=24$ ④ $4\times8=32$

답 ⑤

08 (1) $4\times4=16$이므로 $8\times\square=16$
$8\times2=16$이므로 $\square=2$
(2) $8\times3=24$이므로 $\square\times6=24$
$4\times6=24$이므로 $\square=4$

답 (1) 2 (2) 4

09 $4\times7=28$, $8\times3=24$이므로 $4\times7>8\times3$

답 $>$

10 $9\times6=54$, $7\times8=56$이므로 $9\times6<7\times8$

답 $<$

11 $7\times6=42$에서 ㉠$=6$, $9\times5=45$에서 ㉡$=5$
➡ ㉠+㉡$=6+5=11$

답 11

12 9단 곱셈구구에서 곱하는 수가 4, 5, 6일 때의 곱셈식을 각각 구합니다.
$9\times4=36$, $9\times5=45$, $9\times6=54$

답 6, 5, 4

13 복숭아는 7개씩 7바구니 있으므로 $7\times7=49$(개) 있습니다.
사과는 9개씩 4상자 있으므로 $9\times4=36$(개) 있습니다.
$49>36$이므로 복숭아가 $49-36=13$(개) 더 많습니다.

답 복숭아, 13개

14 (1) $1\times2=2$에서 $\square=2$
(2) $8\times0=0$에서 $\square=0$
(3) $1\times5=5$에서 $\square=1$
(4) $7\times0=0$에서 $\square=0$

답 (1) 2 (2) 0 (3) 1 (4) 0

15 (필요한 책 수)
=(한 명에게 주는 책 수)×(친구 수)
$=1\times8=8$(권)
따라서 책은 모두 8권 필요합니다.

답 8권

16 농구공을 10번 던져서 6번 넣으면 $1\times6=6$(점)
$10-6=4$(번) 넣지 못한 것이므로
$0\times4=0$(점)
따라서 $6+0=6$(점)입니다.

답 6점

17 답

×	4	5	6	7	8	9
4				28		
5				35		
6				42		
7				49		
8				56		
9				63		

예 7단 곱셈구구의 곱이므로
7씩 커지는 규칙이 있습니다.

18 $4\times9=36$이므로 곱이 36인 곱셈구구를 모두 찾습니다.
➡ $6\times6=36$, $9\times4=36$

답 6×6, 9×4

원리쌤 특강

4×9와 9×4는 곱하는 두 수의 순서만 바뀌었으므로 곱이 같습니다.

19 ㉠이 있는 칸에는 4×6의 곱이 들어갑니다. 점선을 따라 접었을 때 만나는 칸에는 6×4의 곱이 들어가므로 $6\times4=24$입니다.
㉡이 있는 칸에는 9×8의 곱이 들어갑니다. 점선을 따라 접었을 때 만나는 칸에는 8×9의 곱이 들어가므로 $8\times9=72$입니다.

답 24, 72

오늘, 나를 칭찬할 점 한 가지는?
(고생한 나를 아무도 칭찬 안 해주네…)

STEP C 교과서유형완성

본문 032~037쪽

유형 1 6, 6, 5, 5, 5, 5, 5, 5, 5, 5, 6, 5, 30 / 30
1-1 ●: 8, ▲: 4 1-2 8
유형 2 2, 5, 7, 8, 2, 5, 2, 10 / 10
2-1 42 2-2 62
유형 3 4, 4, 8, 3, 3, 15, 8, 15, 23 / 23개
3-1 30장 3-2 32개
유형 4 0, 12, 25, 0, 12, 25, 37 / 37점
4-1 55점 4-2 6번
유형 5 28, 8, 16, 24, 32, 1, 2, 3, 3 / 3개
5-1 6 5-2 4
유형 6 30, 12, 16, 24, 28, 32, 30, 28 / 28
6-1 30 6-2 35

1-1 4단 곱셈구구는 4씩 커지므로
4×7은 4×8에서 4를 뺀 수와 같습니다.
$4\times7=4\times8-4$ ➡ ●$=8$
4×7은 4를 7번 더한 수이므로 4×3과 4×4의 합과 같습니다.
$4\times7=4\times3+4\times4$ ➡ ▲$=4$

답 ●: 8, ▲: 4

1-2
- 승희: 9×6은 9를 6번 더한 수이므로 9×2를 세 번 더한 것과 같습니다. ➡ ■$=2$
- 하은: 9단 곱셈구구는 9씩 커지므로 9×6은 9×5에 9를 더한 수와 같습니다. ➡ ▲$=9$
- 준영: 9×6은 9를 6번 더한 수이므로 9×3과 9×3의 합과 같습니다. ➡ ●$=3$

따라서 ■+▲−●$=2+9-3=8$입니다.

답 8

2-1 네 수의 크기를 비교하면 $7>6>4>3$입니다.
곱이 가장 크게 되려면 가장 큰 수 7과 두 번째로 큰 수 6을 곱하면 되므로 $7\times6=42$입니다.

답 42

2-2 다섯 수의 크기를 비교하면 $9>6>5>4>2$입니다.
곱이 가장 크게 되려면 가장 큰 수 9와 두 번째로 큰 수 6을 곱하면 되므로 $9\times6=54$입니다.
곱이 가장 작게 되려면 가장 작은 수 2와 두 번째

로 작은 수 4를 곱하면 되므로 $2\times4=8$입니다.
따라서 그 합은 $54+8=62$입니다.

답 62

3-1 세잎클로버 한 개의 잎은 3장이므로 세잎클로버 6개의 잎은 $3\times6=18$(장)이고
네잎클로버 한 개의 잎은 4장이므로 네잎클로버 3개의 잎은 $4\times3=12$(장)입니다.
따라서 정우가 가지고 있는 클로버의 잎은 모두 $18+12=30$(장)입니다.

답 30장

3-2 6개짜리 상자에 들어가는 초콜릿은 6개이므로
6개짜리 초콜릿 2상자에는 $6\times2=12$(개)
4개짜리 상자에 들어가는 초콜릿은 4개이므로
4개짜리 초콜릿 5상자에는 $4\times5=20$(개)
따라서 예나가 만든 초콜릿은 모두
$12+20=32$(개)입니다.

답 32개

4-1 3을 1번 뽑아서 얻은 점수는 $3\times1=3$(점),
5를 2번 뽑아서 얻은 점수는 $5\times2=10$(점),
7을 6번 뽑아서 얻은 점수는 $7\times6=42$(점),
2를 0번 뽑아서 얻은 점수는 $2\times0=0$(점)
따라서 뽑은 카드의 점수는
$3+10+42+0=55$(점)입니다.

답 55점

4-2 건우가 0점, 4점, 5점짜리 과녁을 맞혀서 얻은 점수는 각각 $0\times3=0$(점), $4\times5=20$(점), $5\times3=15$(점)이므로
합해서 $0+20+15=35$(점)입니다.
2점짜리 과녁을 맞혀서 얻은 점수는
$47-35=12$(점)이고
$2\times6=12$이므로 2점짜리 과녁을 6번 맞혔습니다.

답 6번

5-1 $8\times5=40$
6단 곱셈구구를 해 보면 $6\times1=6$,
$6\times2=12$, $6\times3=18$, $6\times4=24$,
$6\times5=30$, $6\times6=36$, $6\times7=42$……
$6\times\square<40$에서 □ 안에 들어갈 수 있는 가장 큰 수는 6입니다.

답 6

5-2 $5\times6=30$
9단 곱셈구구를 해 보면 $9\times1=9$,
$9\times2=18$, $9\times3=27$, $9\times4=36$……
$9\times\square>30$에서 □ 안에 들어갈 수 있는 수는 4, 5, 6, 7, 8, 9입니다.
$8\times4=32$
7단 곱셈구구를 해 보면 $7\times1=7$,
$7\times2=14$, $7\times3=21$, $7\times4=28$,
$7\times5=35$……
$7\times\square<32$에서 □ 안에 들어갈 수 있는 수는 1, 2, 3, 4입니다.
따라서 □ 안에 공통으로 들어갈 수 있는 수는 4입니다.

답 4

6-1 $9\times4=36$
6단 곱셈구구는 $6\times1=6$, $6\times2=12$,
$6\times3=18$, $6\times4=24$, $6\times5=30$,
$6\times6=36$, $6\times7=42$……입니다.
이 중에서 36보다 작으면서 5단 곱셈구구의 값인 수는 30입니다.

답 30

6-2 $8\times3=24$, $8\times6=48$
24보다 크고 48보다 작은 수 중에서 7단 곱셈구구가 될 수 있는 수는 $7\times4=28$, $7\times5=35$, $7\times6=42$입니다.
이 중에서 숫자 중의 하나가 3인 수는 35입니다.

답 35

어제보다 오늘,
오늘보다 내일 더 괜찮은 나!

STEP B 종합응용력완성 본문 038~042쪽

01 33개 02 1 03 세발자전거, 1대
04 7자루 묶음 05 6상자
06

×	7	4	9	8
5	35	20	45	40
6	42	24	54	48
8	56	32	72	64

07 7
08 36 09 30 10 20 11 6
12 81개 13 4개 14 15 15 5

01 주아가 먹은 젤리는 $3\times2=6$(개)이고, 민영이가 먹은 젤리는 $6\times4=24$(개)입니다. 세 사람이 먹은 젤리는 모두 $3+6+24=33$(개)입니다.

답 33개

02 어떤 수를 □라 하면 $\square\times8=72$이고 $9\times8=72$이므로 $\square=9$입니다.
어떤 수가 9이므로 바르게 계산하면 $9-8=1$입니다.

답 1

03 두발자전거와 세발자전거의 수를 예상해 봅니다.
- 두발자전거가 8대라면 세발자전거는 7대이고 바퀴의 수는
  $2\times8+3\times7=16+21=37$(개)입니다.
- 두발자전거가 7대라면 세발자전거는 8대이고 바퀴의 수는
  $2\times7+3\times8=14+24=38$(개)입니다.

따라서 두발자전거는 7대, 세발자전거는 8대이므로 세발자전거가 두발자전거보다 $8-7=1$(대) 더 많습니다.

답 세발자전거, 1대

04 4자루씩 사면 $4\times9=36$(자루)이므로
$36-33=3$(자루)가 남습니다.
7자루씩 사면 $7\times5=35$(자루)이므로
$35-33=2$(자루)가 남습니다.
8자루씩 사면 $8\times5=40$(자루)이므로
$40-33=7$(자루)가 남습니다.
따라서 남는 연필을 가장 적게 하려면 7자루 묶음으로 파는 것을 사야 합니다.

답 7자루 묶음

05 귤이 6개씩 7상자이므로 $6\times7=42$(개) 있었는데 이 중에서 5개를 먹고, 17개를 더 사왔으므로
$42-5+17=54$(개)가 되었습니다.
$9\times6=54$이므로 귤을 한 상자에 9개씩 담으면 6상자가 됩니다.

답 6상자

06

×	㉠7	4	㉢9	㉣8
5	35		45	
㉡6		24		
8				64

$5\times$㉠$=35$에서 ㉠$=7$
㉡$\times4=24$에서 ㉡$=6$
$5\times$㉢$=45$에서 ㉢$=9$
$8\times$㉣$=64$에서 ㉣$=8$
위에서부터 빈칸에 알맞은 수를 구하면
$5\times4=20$, $5\times8=40$, $6\times7=42$,
$6\times9=54$, $6\times8=48$, $8\times7=56$,
$8\times4=32$, $8\times9=72$

답

×	7	4	9	8
5	35	20	45	40
6	42	24	54	48
8	56	32	72	64

07

3단 곱셈구구	8단 곱셈구구	두 수의 차
$3\times1=3$	$8\times1=8$	5
$3\times2=6$	$8\times2=16$	10
$3\times3=9$	$8\times3=24$	15
⋮	⋮	⋮
$3\times7=21$	$8\times7=56$	35

따라서 곱한 수는 7입니다.

답 7

08 $7\times3=21$보다 크고 $9\times5=45$보다 작은 수 중에서 6단 곱셈구구의 값은 24, 30, 36, 42입니다. 이 중에서 8단 곱셈구구의 값보다 4 큰 수는 36입니다.

답 36

09 예 ❶ ▲$\times7=56$에서 $8\times7=56$이므로 ▲$=8$입니다.

❷ ★ $\times 8 =$ ■, ● $\times$ ● $=$ ■에서 ■는 20보다 작은 수이므로 곱셈구구에서 알아보면 $1 \times 8 = 8$, $2 \times 8 = 16$, $3 \times 8 = 24$입니다.
■는 8이거나 16입니다.
● $\times$ ● $= 8$인 수는 없습니다.
● $\times$ ● $= 16$에서
$4 \times 4 = 16$이므로 ● $= 4$, ■ $= 16$입니다.
❸ ★ $\times 8 = 16$에서 ★ $= 2$입니다.
❹ 따라서 ● + ▲ + ★ + ■
$= 4 + 8 + 2 + 16 = 30$입니다.

답 30

채점기준	배점	
❶ ▲의 값 구하기	1점	5점
❷ ●, ■의 값 구하기	2점	
❸ ★의 값 구하기	1점	
❹ ●+▲+★+■의 값 구하기	1점	

10 두 수의 곱이 0인 경우 곱하는 수 중 반드시 0이 있어야 하므로 모르는 수 카드 중 0이 있습니다.
두 수의 곱이 5인 경우는 1×5 또는 5×1이므로 모르는 수 카드 중 1과 5가 있습니다.
따라서 5장의 수 카드는 6, 5, 4, 1, 0이고 이 중에서 2장을 뽑아 구할 수 있는 두 수의 곱을 큰 순서대로 쓰면
$6 \times 5 = 30$, $6 \times 4 = 24$, $5 \times 4 = 20$……에서 세 번째로 큰 곱은 20입니다.

답 20

11 1을 1번 더하면 $1 \times 1 = 1$
2를 2번 더하면 $2 \times 2 = 4$
3을 3번 더하면 $3 \times 3 = 9$
4를 4번 더하면 $4 \times 4 = 16$
5를 5번 더하면 $5 \times 5 = 25$
6을 6번 더하면 $6 \times 6 = 36$
7을 7번 더하면 $7 \times 7 = 49$
8을 8번 더하면 $8 \times 8 = 64$
9를 9번 더하면 $9 \times 9 = 81$
따라서 ♣은 6입니다.

답 6

12 첫 번째: $1 \times 1 = 1$(개),
두 번째: $3 \times 3 = 9$(개),
세 번째: $5 \times 5 = 25$(개)……
구슬을 놓은 규칙을 (곱해지는 수) × (곱하는 수)라 하면 각 수는 1부터 2씩 커지는 규칙입니다.
➡ 네 번째: $7 \times 7 = 49$,
다섯 번째: $9 \times 9 = 81$(개)
따라서 다섯 번째에 놓이는 구슬은 81개입니다.

답 81개

13 철사의 길이는 $9 \times 7 = 63$(cm)입니다.
삼각형의 세 변의 길이의 합은 $2 \times 3 = 6$(cm)이므로 삼각형 4개의 길이의 합은 $6 \times 4 = 24$(cm)입니다.
남은 철사의 길이는 $63 - 24 = 39$(cm)입니다.
사각형의 네 변의 길이의 합은 $2 \times 4 = 8$(cm)이고 $8 \times 4 = 32$, $8 \times 5 = 40$이므로 사각형은 4개까지 만들 수 있습니다.

답 4개

14 두 수의 곱이 18인 곱셈구구는 2×9, 3×6, 6×3, 9×2입니다.
두 수의 곱이 36인 곱셈구구는 4×9, 6×6, 9×4입니다.
㉠이 될 수 있는 수는 6이거나 9입니다. ㉠이 6인 경우 ㉡$=3$, ㉢$=6$이므로 조건에 맞지 않습니다.
㉠이 9인 경우 ㉡은 2, ㉢은 4입니다.
따라서 ㉠+㉡+㉢$= 9 + 2 + 4 = 15$입니다.

답 15

15 주어진 ◉의 규칙은 ◉의 앞, 뒤 수를 곱하여 나온 수의 각 자리의 수를 더하는 것입니다.
2◉7 ➡ $2 \times 7 = 14$ ➡ $1 + 4 = 5$
5◉4 ➡ $5 \times 4 = 20$ ➡ $2 + 0 = 2$
4◉3 ➡ $4 \times 3 = 12$ ➡ $1 + 2 = 3$
7◉8 ➡ $7 \times 8 = 56$ ➡ $5 + 6 = 11$
3◉6 ➡ $3 \times 6 = 18$ ➡ $1 + 8 = 9$
9◉3 ➡ $9 \times 3 = 27$ ➡ $2 + 7 = 9$
따라서 8◉4는 $8 \times 4 = 32$에서
$3 + 2 = 5$입니다.

답 5

웃어봐~ 좋은 일이 생길거예요.
계속 웃다보면 정말 웃을 일이 생긴답니다.
(헐 진짜네? 오늘은 어제보다 많이 웃었어!)

STEP A 최상위실력완성 본문 043~044쪽

01 14 **02** 132
03 (시계 반대 방향으로) 8, 3, 4 **04** 45장
05 17개 **06** 17

01 A급비법 곱셈구구에서 같은 수를 곱했을 때 9가 되는 수를 찾습니다.

(딸기) × (딸기) = 9에서 $3 \times 3 = 9$이므로
딸기 아이스크림이 나타내는 수는 3입니다.
3 × (초코) = 12에서 $3 \times 4 = 12$이므로
초코 아이스크림이 나타내는 수는 4입니다.
(바닐라) × 4 + 4 = 32에서 (바닐라) × 4 = 28,
$7 \times 4 = 28$이므로 바닐라 아이스크림이 나타내는 수는 7입니다.
따라서 세 종류의 아이스크림이 나타내는 수들의 합은 $3+4+7=14$입니다.

답 14

02 A급비법 오른쪽으로 갈수록 얼마만큼 커지는지 생각해 봅니다.

×	7	8	9	10	11	12
7	49	56	63	70	77	㉡ 84
8	56	64	72	80	88	㉢ 96
9	63	72	81	90	99	㉣ 108
10						㉤ 120
11						㉠ 132

첫째 줄은 오른쪽으로 갈수록 7씩 커지므로 63부터 7씩 커지도록 빈칸을 채우면 ㉡은 84입니다.
둘째 줄은 오른쪽으로 갈수록 8씩 커지므로 72부터 8씩 커지도록 빈칸을 채우면 ㉢은 96입니다.
셋째 줄은 오른쪽으로 갈수록 9씩 커지므로 81부터 9씩 커지도록 빈칸을 채우면 ㉣은 108입니다.
㉡, ㉢, ㉣이 있는 세로줄은 아래쪽으로 갈수록 84, 96, 108……로 12씩 커지므로 빈칸을 채우면 ㉤은 $108+12=120$이고, ㉠은 $120+12=132$입니다.

답 132

03 A급비법 24와 32, 24와 12, 12와 32는 각각 같은 단 곱셈구구의 수입니다.

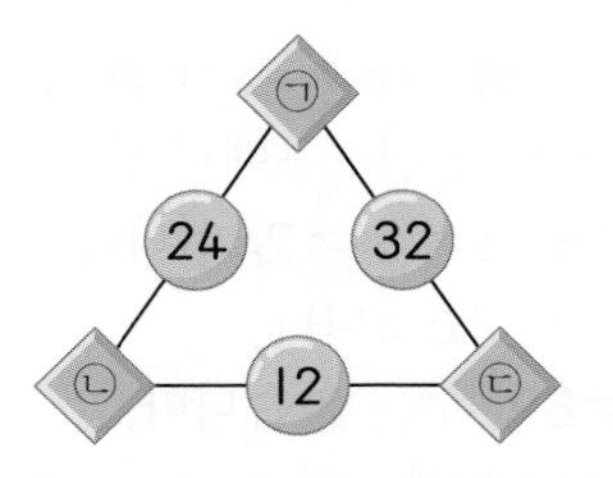

두 수의 곱이 24인 곱셈구구: 3×8, 4×6, 6×4, 8×3
두 수의 곱이 12인 곱셈구구: 2×6, 3×4, 4×3, 6×2
두 수의 곱이 32인 곱셈구구: 4×8, 8×4
따라서 ㉠=8, ㉡=3, ㉢=4입니다.

답 (시계 반대 방향으로) 8, 3, 4

04 A급비법 두 사각형이 맞닿은 변에는 같은 개수의 타일이 붙어 있습니다.

$3=1\times3=3\times1$,
$9=1\times9=3\times3=1\times9$
㉠과 ㉢의 가로줄에 공통으로 들어갈 수 있는 타일의 수는 1장 또는 3장입니다.
㉢의 가로줄에 타일이 1장이면 세로줄에 9장이므로 ㉣의 세로줄에 공통으로 들어갈 수 없습니다.
㉢의 가로줄에 타일이 3장이면 세로줄에 3장이므로 $3 \times 2 = 6$에서 ㉣의 가로줄에는 타일이 2장입니다.
㉥의 가로줄에 타일이 2장이므로 $2 \times 5 = 10$에서 세로줄에는 5장입니다.
㉡에 붙인 타일은 $1 \times 2 = 2$(장)이고
㉤에 붙인 타일은 $3 \times 5 = 15$(장)입니다.
따라서 바닥에 붙인 타일은 모두
$3+2+9+6+15+10=45$(장)입니다.

답 45장

05 A급비법 4단, 8단 곱셈구구에서 일의 자리 숫자가 같은 곱을 찾습니다.

4단 곱셈구구와 8단 곱셈구구에서 나오는 일의 자리 숫자는 0, 2, 4, 6, 8입니다.

- 일의 자리 숫자가 0인 경우
  $4 \times 5 = 20$과 $8 \times 5 = 40$에서
  두 자리 수 ㉠㉡은 55입니다.
- 일의 자리 숫자가 2인 경우
  $4 \times 3 = 12$, $4 \times 8 = 32$와 $8 \times 4 = 32$,
  $8 \times 9 = 72$에서

두 자리 수 ㉠㉡은 34, 39, 84, 89입니다.
• 일의 자리 숫자가 4인 경우
$4\times1=4$, $4\times6=24$와 $8\times3=24$, $8\times8=64$에서
두 자리 수 ㉠㉡은 13, 18, 63, 68입니다.
• 일의 자리 숫자가 6인 경우
$4\times4=16$, $4\times9=36$과 $8\times2=16$, $8\times7=56$에서
두 자리 수 ㉠㉡은 42, 47, 92, 97입니다.
• 일의 자리 숫자가 8인 경우
$4\times2=8$, $4\times7=28$과 $8\times1=8$, $8\times6=48$에서
두 자리 수 ㉠㉡은 21, 26, 71, 76입니다.
따라서 구하는 수는 $1+4+4+4+4=17$(개)입니다.

답 17개

06 A급비법 ▲+■=★에서 크기를 비교하고 ■×★=●■를 만족하는 수를 찾습니다.
▲+■=★이므로 ▲와 ■는 ★보다 작습니다.
■×★=●■에서 ■<★이고 두 곱의 일의 자리 숫자가 ■인 경우는
$2\times6=12$, $4\times6=24$, $5\times7=35$, $5\times9=45$입니다.
• $2\times6=12$인 경우
■=2, ★=6, ●=1, ▲=6−2=4로
만들 수 있는 가장 큰 네 자리 수는 6421입니다.
• $4\times6=24$인 경우
■=4, ★=6, ●=2, ▲=6−4=2는
조건을 만족하지 않습니다.
• $5\times7=35$인 경우
■=5, ★=7, ●=3, ▲=7−5=2로
만들 수 있는 가장 큰 네 자리 수는 7532입니다.
• $5\times9=45$인 경우
■=5, ★=9, ●=4, ▲=9−5=4는
조건을 만족하지 않습니다.
따라서 만들 수 있는 가장 큰 네 자리 수는 7532이므로 각 자리 숫자의 합은
$7+5+3+2=17$입니다.

답 17

3. 길이 재기

개념 더블체크

본문 047~051쪽

01 (1) 6 미터 4 센티미터 (2) 9 미터 50 센티미터
02 (1) 100, 1, 1, 37 (2) 3, 300, 352
03 (1) 5, 10 (2) 427 (3) 8, 63
04 ( ) (○)
05 (1) 204 (2) 2, 2
06 1 m 50 cm
07 (1) 6, 80 (2) 10, 54
08 3, 84
09 ( ) (○)
10 (1) 6 m 42 cm (2) 4 m 6 cm
11 4, 12
12 <
13 1 m 70 cm
14 ㉠, ㉣, ㉢, ㉡
15 (선 잇기)
16 16 m
17 ㉡, ㉣

01 (1) 6 m 4 cm ➡ 6 미터 4 센티미터
(2) 9 m 50 cm ➡ 9 미터 50 센티미터

답 (1) 6 미터 4 센티미터 (2) 9 미터 50 센티미터

02 (1) 137 cm=100 cm+37 cm
=1 m+37 cm
=1 m 37 cm
(2) 3 m 52 cm=3 m+52 cm
=300 cm+52 cm
=352 cm

답 (1) 100, 1, 1, 37 (2) 3, 300, 352

03 (1) 510 cm=500 cm+10 cm
=5 m+10 cm=5 m 10 cm
(2) 4 m 27 cm=4 m+27 cm
=400 cm+27 cm
=427 cm
(3) 863 cm=800 cm+63 cm
=8 m+63 cm
=8 m 63 cm

답 (1) 5, 10 (2) 427 (3) 8, 63

04 곧은 자는 1 m보다 짧은 길이를 잴 때, 줄자는 1 m보다 긴 길이를 잴 때 사용합니다.

답 ( ) (○)

05 (1) 눈금이 204이므로 204 cm입니다.

(2) 눈금이 202이므로 202 cm입니다.
202 cm=200 cm+2 cm=2 m+2 cm
=2 m 2 cm

답 (1) 204 (2) 2, 2

06 눈금이 150이므로 길이는 150 cm입니다.
150 cm=100 cm+50 cm=1 m+50 cm
=1 m 50 cm

답 1 m 50 cm

07 (1) 2 m 30 cm+4 m 50 cm
=(2 m+4 m)+(30 cm+50 cm)
=6 m 80 cm
(2) 7 m 34 cm+3 m 20 cm
=(7 m+3 m)+(34 cm+20 cm)
=10 m 54 cm

답 (1) 6, 80 (2) 10, 54

08 2 m 58 cm+1 m 26 cm
=(2 m+1 m)+(58 cm+26 cm)
=3 m 84 cm

답 3, 84

09 m는 m끼리, cm는 cm끼리 더합니다.
4 m 30 cm+2 m=(4 m+2 m)+30 cm
=6 m 30 cm

답 ( ) (○)

10 (1)
```
   9 m  83 cm
 - 3 m  41 cm
 ------------
   6 m  42 cm
```
(2) 8 m 13 cm−4 m 7 cm
=(8 m−4 m)+(13 cm−7 cm)
=4 m 6 cm

답 (1) 6 m 42 cm (2) 4 m 6 cm

11 6 m 48 cm−2 m 36 cm
=(6 m−2 m)+(48 cm−36 cm)
=4 m 12 cm

답 4, 12

12 4 m 53 cm−2 m 21 cm
=(4 m−2 m)+(53 cm−21 cm)
=2 m 32 cm

ⓛ 6 m 84 cm−4 m 33 cm
=(6 m−4 m)+(84 cm−33 cm)
=2 m 51 cm

답 <

13 17+17+17+17+17+17+17+17+17+17=170
170 cm=100 cm+70 cm=1 m+70 cm
=1 m 70 cm ➡ 약 1 m 70 cm

답 1 m 70 cm

14 ㉠ 손바닥 폭 ㉡ 걸음 ㉢ 발 길이 ㉣ 한 뼘
단위 길이가 짧을수록 여러 번 재어야 합니다. 단위 길이를 비교하면 ㉠<㉣<㉢<㉡이므로 여러 번 재어야 하는 것부터 기호를 쓰면 ㉠, ㉣, ㉢, ㉡입니다.

답 ㉠, ㉣, ㉢, ㉡

15 우산 → 약 1 m, 5층 건물 → 약 15 m,
농구대 → 약 3 m

답 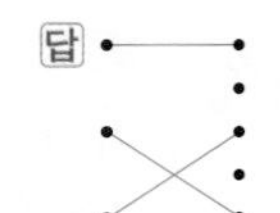

16 끈의 길이는 1 m로 약 16번이므로 약 16 m입니다.

답 16 m

17 길이가 5 m보다 긴 것은
㉡ 전철의 길이, ㉣ 어른 10명이 양팔을 벌린 길이입니다.

답 ㉡, ㉣

주변에 좋은 사람이 많다는 건,
네가 좋은 사람이어서 그런거야.

STEP C 교과서유형완성

본문 052~057쪽

유형 1 865, 865, 5, 6, 7, 8, 9 / 7, 8, 9

1-1 0, 1, 2, 3 **1-2** 4개

유형 2 1, 78, 12, 1, 78, 12, 1, 78, 4, 90 / 4 m 90 cm

2-1 2 m 85 cm

2-2 합: 5 m 97 cm, 차: 3 m 63 cm

유형 3 90, 74, 90, 74, 5, 6, 5, 6 / 5 m 6 cm

3-1 우체국, 5 m 68 cm

유형 4 23, 28, 13, 5 / ●: 28, ▲: 5

4-1 (1) ◆: 56, ♥: 4 (2) ◆: 7, ♥: 75

4-2 7, 5

유형 5 3, 12, 1, 3, 12, 25, 2, 87 / 2 m 87 cm

5-1 8 m 70 cm **5-2** 6 m 96 cm

유형 6 30, 1200, 12, 12, 15, 600, 6, 6 / 긴 쪽: 약 12 m, 짧은 쪽: 약 6 m

6-1 약 12번 **6-2** 약 4 m 67 cm

1-1 1 m=100 cm이므로
5 m 41 cm=541 cm입니다.
5□3<541에서 백의 자리 숫자는 같고, 일의 자리의 숫자는 3>1이므로 □ 안에 들어갈 수 있는 수는 4보다 작습니다.
따라서 □ 안에 들어갈 수 있는 수는 0, 1, 2, 3입니다.

답 0, 1, 2, 3

1-2 1 m=100 cm이므로
6 m 34 cm=634 cm입니다.
634>6□0에서 백의 자리 숫자는 같고, 일의 자리 숫자는 4>0이므로 □ 안에 들어갈 수 있는 수는 3이거나 3보다 작습니다.
따라서 □ 안에 들어갈 수 있는 수는 0, 1, 2, 3으로 모두 4개입니다.

답 4개

2-1 590 cm=5 m 90 cm
가장 긴 변: 5 m 90 cm,
가장 짧은 변: 3 m 5 cm
(가장 긴 변의 길이)−(가장 짧은 변의 길이)
=5 m 90 cm−3 m 5 cm=2 m 85 cm

답 2 m 85 cm

2-2 117 cm=1 m 17 cm,
201 cm=2 m 1 cm
가장 긴 변: 4 m 80 cm,
가장 짧은 변: 1 m 17 cm
(가장 긴 변의 길이)+(가장 짧은 변의 길이)
=4 m 80 cm+1 m 17 cm
=5 m 97 cm
(가장 긴 변의 길이)−(가장 짧은 변의 길이)
=4 m 80 cm−1 m 17 cm
=3 m 63 cm

답 합: 5 m 97 cm, 차: 3 m 63 cm

3-1 (학교~편의점~공원)
=(학교~편의점)+(편의점~공원)
=15 m 51 cm+46 m 40 cm
=61 m 91 cm
(학교~우체국~공원)
=(학교~우체국)+(우체국~공원)
=24 m 8 cm+32 m 15 cm
=56 m 23 cm
따라서 우체국을 거쳐 가는 거리가
61 m 91 cm−56 m 23 cm
=5 m 68 cm 더 가깝습니다.

답 우체국, 5 m 68 cm

4-1 (1) ◆+19=75, 75−19=◆, ◆=56
5+♥=9, 9−5=♥, ♥=4
(2) 45>20이므로 m 단위에서 받아내림하였습니다.
120−♥=45, 120−45=♥, ♥=75
◆−1−3=3, ◆−4=3, 3+4=◆, ◆=7

답 (1) ◆: 56, ♥: 4 (2) ◆: 7, ♥: 75

4-2 508 cm=5 m 8 cm이므로

	㉠ m	13 cm
−	2 m	㉡ cm
	5 m	8 cm

13−㉡=8, 13−8=㉡, ㉡=5
㉠−2=5, 5+2=㉠, ㉠=7

답 7, 5

5-1 (색 테이프 3장의 길이의 합)

$= 3$ m 18 cm $+ 3$ m 18 cm $+ 3$ m 18 cm
$= 9$ m 54 cm
(겹쳐진 부분의 길이의 합)
$= 42 + 42 = 84$(cm)
➡ (이어 붙인 색 테이프의 전체 길이)
$=$(색 테이프 3장의 길이의 합)
$-$(겹쳐진 부분의 길이의 합)
$= 9$ m 54 cm $- 84$ cm $= 8$ m 70 cm

답 8 m 70 cm

5-2 (색 테이프 3장의 길이의 합)
$= 2$ m 52 cm $+ 2$ m 52 cm $+ 2$ m 52 cm
$= 7$ m 56 cm
(겹쳐진 부분의 길이의 합)
$= 30$ cm $+ 30$ cm $= 60$ cm
➡ (이어 붙인 색 테이프의 전체 길이)
$=$(색 테이프 3장의 길이의 합)
$-$(겹쳐진 부분의 길이의 합)
$= 7$ m 56 cm $- 60$ cm $= 6$ m 96 cm

답 6 m 96 cm

6-1 태민이의 한 뼘은 16 cm이고 냉장고의 높이는 태민이의 뼘으로 약 9번이므로 냉장고의 높이는
$16+16+16+16+16+16+16+16+16$
$= 144$ ➡ 약 144 cm입니다.
유하의 한 뼘은 12 cm이고
$144 = \underbrace{12+12+12+\cdots\cdots+12+12}_{12번}$
이므로 유하의 뼘으로 냉장고의 높이를 재면 약 12번입니다.

답 약 12번

6-2 108 cm$=$1 m 8 cm이므로
양팔을 벌린 길이로 4번 잰 길이는
1 m 8 cm $+ 1$ m 8 cm $+ 1$ m 8 cm
$+ 1$ m 8 cm $= 4$ m 32 cm입니다.
한 걸음의 길이는 35 cm이므로 방의 긴 쪽의 길이는
4 m 32 cm $+ 35$ cm $= 4$ m 67 cm
➡ 약 4 m 67 cm입니다.

답 약 4 m 67 cm

STEP B 종합응용력완성

본문 058~062쪽

01	㉢, ㉣, ㉡, ㉠	**02**	4번
03	가	**04**	가, 다, 나
05	44 m 10 cm	**06**	4 m 38 cm
07	84	**08**	8 m 17 cm
09	치타: 1 m 40 cm, 얼룩말: 1 m 28 cm		
10	은우, 104 m 50 cm		
11	8 cm	**12**	54 m 12 cm
13	47 cm		
14	㉮: 101 cm, ㉯: 84 cm, ㉰: 91 cm, ㉱: 75 cm		
15	1m 8 cm		

01 ㉡ 3 m 98 cm$=$398 cm,
㉢ 5 m 4 cm$=$504 cm
$\underset{㉢}{504\text{ cm}} > \underset{㉣}{416\text{ cm}} > \underset{㉡}{398\text{ cm}} > \underset{㉠}{351\text{ cm}}$

답 ㉢, ㉣, ㉡, ㉠

다른풀이 ㉠ 351 cm$=$3 m 51 cm,
㉣ 416 cm$=$4 m 16 cm
$\underset{㉢}{5\text{ m }4\text{ cm}} > \underset{㉣}{4\text{ m }16\text{ cm}} > \underset{㉡}{3\text{ m }98\text{ cm}} > \underset{㉠}{3\text{ m }51\text{ cm}}$

02 30 cm인 리본으로 6번 잰 길이는
30 cm $+ 30$ cm $+ 30$ cm $+ 30$ cm $+ 30$ cm
$+ 30$ cm $= 180$ cm입니다.
$180 = 45 + 45 + 45 + 45$이므로 같은 길이를 45 cm인 리본으로 재면 4번입니다.

답 4번

03 580 cm$=$5 m 80 cm
(가 도형의 변의 길이의 합)
$= 5$ m 80 cm $+ 5$ m 80 cm $+ 5$ m 80 cm
$= 11$ m 60 cm $+ 5$ m 80 cm
$= 17$ m 40 cm
(나 도형의 변의 길이의 합)
$= 4$ m 30 cm $+ 4$ m 30 cm $+ 4$ m 30 cm
$+ 4$ m 30 cm
$= 8$ m 60 cm $+ 8$ m 60 cm
$= 17$ m 20 cm
따라서 만들 수 없는 도형은 가입니다.

답 가

04 (가의 높이)

$=2$ m 70 cm $+2$ m 70 cm $+1$ m 27 cm
$=6$ m 67 cm
(나의 높이)
$=2$ m 70 cm $+2$ m 70 cm $+2$ m 70 cm
-2 m 38 cm
$=8$ m 10 cm -2 m 38 cm $=5$ m 72 cm
(다의 높이)
$=2$ m 70 cm $+1$ m 14 cm $+1$ m 14 cm
$+1$ m 14 cm
$=6$ m 12 cm
6 m 67 cm >6 m 12 cm >5 m 72 cm이므로 높은 건물부터 차례로 쓰면 가, 다, 나입니다.

답 가, 다, 나

05 나무 8그루가 도로의 처음부터 끝까지 심어져 있으므로 나무와 나무 사이의 간격은 $8-1=7$(군데)입니다.
따라서 이 직선 도로의 길이는
6 m 30 cm $+6$ m 30 cm $+6$ m 30 cm
$+6$ m 30 cm $+6$ m 30 cm
$+6$ m 30 cm $+6$ m 30 cm
$=44$ m 10 cm입니다.

답 44 m 10 cm

06 전체 길이는
65 cm $+1$ m 23 cm $+49$ cm
$=2$ m 37 cm입니다.
㉮$=2$ m 37 cm -94 cm $=1$ m 43 cm
㉯$=2$ m 37 cm -61 cm $=1$ m 76 cm
㉰$=2$ m 37 cm -40 cm -78 cm
$=1$ m 19 cm
➡ ㉮$+$㉯$+$㉰
$=1$ m 43 cm $+1$ m 76 cm $+1$ m 19 cm
$=4$ m 38 cm

답 4 m 38 cm

07 지은이가 가진 테이프의 길이:
344 cm $=3$ m 44 cm이므로
3 m 44 cm $+61$ cm $=4$ m 5 cm
성호가 가진 테이프의 길이:
113 cm $=1$ m 13 cm이므로
4 m 5 cm $+1$ m 13 cm $=5$ m 18 cm
민후가 가진 테이프의 길이:
5 m 18 cm $+82$ cm $=6$ m
혜은이가 가진 테이프의 길이:
6 m -1 m 20 cm $=4$ m 80 cm
6 m >5 m 18 cm >4 m 80 cm >4 m 5 cm
이므로 혜은이가 셋째로 긴 테이프를 가졌고 그 길이는 4 m 80 cm입니다.
㉠$=4$, ㉡$=80$이므로 ㉠$+$㉡$=4+80=84$입니다.

답 84

08 수 카드의 크기를 비교하면 $1<3<5<6<9$입니다.
짧은 길이부터 차례로 쓰면
1 m 35 cm, 1 m 36 cm, 1 m 39 cm……
이므로 세 번째로 짧은 길이는 1 m 39 cm입니다.
긴 길이부터 차례로 쓰면
9 m 65 cm, 9 m 63 cm, 9 m 61 cm,
9 m 56 cm……이므로
네 번째로 긴 길이는 9 m 56 cm입니다.
➡ 9 m 56 cm -1 m 39 cm $=8$ m 17 cm

답 8 m 17 cm

09 세 동물의 몸길이의 합은 3 m 87 cm이고 사슴의 몸길이는 119 cm이므로 나머지 두 동물의 몸길이의 합은
3 m 87 cm -119 cm
$=3$ m 87 cm -1 m 19 cm
$=2$ m 68 cm입니다.
치타가 얼룩말보다 몸길이가 12 cm 더 길므로
2 m 68 cm $+12$ cm $=2$ m 80 cm를 똑같이 나눈 길이는 치타의 몸길이와 같습니다.
2 m 80 cm $=1$ m 40 cm $+1$ m 40 cm이므로 치타의 몸길이는 1 m 40 cm이고 얼룩말의 몸길이는
1 m 40 cm -12 cm $=1$ m 28 cm입니다.

답 치타: 1 m 40 cm, 얼룩말: 1 m 28 cm

10 은우는 1분에 60 m 70 cm씩 걸으므로 2분에
60 m 70 cm $+60$ m 70 cm
$=121$ m 40 cm씩 걷습니다.
은우는 민서보다 2분에
121 m 40 cm -100 m 50 cm
$=20$ m 90 cm씩 더 많이 걷습니다.
따라서 두 사람이 똑같이 10분을 걷는다면
$10=2\times5$에서 은우는 민서보다
20 m 90 cm $+20$ m 90 cm $+20$ m 90 cm
$+20$ m 90 cm $+20$ m 90 cm

=104 m 50 cm 더 많이 걷습니다.

답 은우, 104 m 50 cm

11 예 ❶ 색 테이프 4장의 길이의 합은
78 cm+78 cm+78 cm+78 cm
=3 m 12 cm입니다.
❷ 색 테이프 4장을 이어 붙인 전체 길이가 2 m 88 cm이므로 겹쳐진 부분의 길이의 합은
3 m 12 cm−2 m 88 cm=24(cm)입니다.
❸ 색 테이프 4장을 이어 붙이면 겹쳐진 부분은 3군데이므로 3×8=24에서 8 cm씩 겹치게 이어 붙인 것입니다.

답 8 cm

채점기준	배점	
❶ 색 테이프 4장의 길이의 합 구하기	2점	5점
❷ 겹쳐진 부분의 길이의 합 구하기	1점	
❸ 몇 cm만큼씩 겹쳤는지 구하기	2점	

12

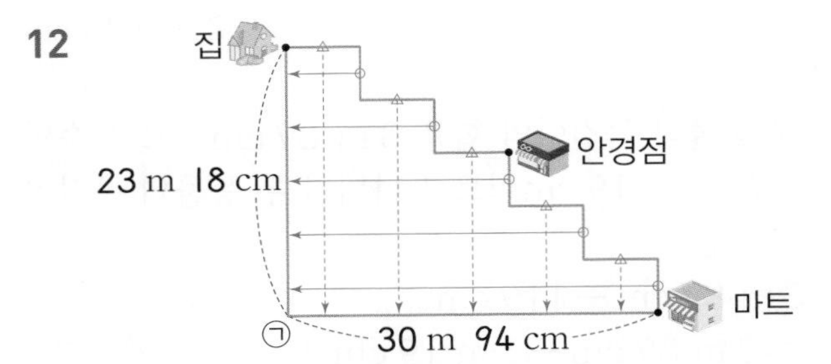

집에서 안경점을 거쳐 마트까지 가는 거리는 집에서 ㉠을 거쳐 마트까지 가는 거리와 같습니다.
23 m 18 cm+30 m 94 cm
=54 m 12 cm

답 54 m 12 cm

13 교실의 긴 쪽의 길이는 7 m 56 cm=756 cm입니다.
승우와 주하가 각각 9걸음씩 재었으므로
승우와 주하의 한 걸음의 길이의 합으로 9번 잰 것과 같습니다.
756 cm=84 cm+84 cm+84 cm
+84 cm+84 cm+84 cm
+84 cm+84 cm+84 cm
이므로 승우와 주하의 한 걸음의 길이의 합은 84 cm입니다.
승우의 한 걸음의 길이가 주하의 한 걸음의 길이보다 10 cm 더 길므로
84 cm+10 cm=94 cm를 똑같이 둘로 나눈 길이는 승우의 한 걸음의 길이와 같습니다.
94 cm=47 cm+47 cm이므로 승우의 한 걸음의 길이는 47 cm입니다.

답 47 cm

14 ㉣의 길이를 □cm라 하면
㉢의 길이는 □cm+16 cm
㉡의 길이는 □cm+16 cm−7 cm
=□cm+9 cm
㉮의 길이는 □cm+9 cm+17 cm
=□cm+26 cm
3 m 51 cm=351 cm이므로
□cm+26 cm+□cm+9 cm+□cm
+16 cm+□cm=351 cm
□cm+□cm+□cm+□cm+51 cm
=351 cm
□cm+□cm+□cm+□cm=300 cm
75 cm+75 cm+75 cm+75 cm=300 cm
이므로 □=75입니다.
따라서 ㉮는 75 cm+26 cm=101 cm,
㉡는 75 cm+9 cm=84 cm,
㉢는 75 cm+16 cm=91 cm,
㉣는 75 cm입니다.

답 ㉮: 101 cm, ㉡: 84 cm, ㉢: 91 cm, ㉣: 75 cm

15 두 개의 리본의 길이는
2 m 54 cm+2 m 63 cm=5 m 17 cm이므로
8 cm를 겹치게 이어 붙이면
5 m 17 cm−8 cm=5 m 9 cm입니다.
(28 cm인 부분 2곳의 길이)
=28 cm+28 cm=56 cm
(36 cm인 부분 2곳의 길이)
=36 cm+36 cm=72 cm
(57 cm인 부분 4곳의 길이)
=57 cm+57 cm+57 cm+57 cm
=2 m 28 cm
매듭의 길이가 45 cm이므로 상자를 묶는데 사용한 리본의 길이는
56 cm+72 cm+2 m 28 cm+45 cm
=4 m 1 cm입니다.
따라서 상자를 묶고 남은 리본의 길이는
5 m 9 cm−4 m 1 cm=1 m 8 cm입니다.

답 1 m 8 cm

STEP A 최상위실력완성 본문 063~064쪽

01 142 m 15 cm 02 5 03 79 cm
04 서쪽으로: 12 m, 남쪽으로: 21 m
05 4 m 30 cm, 1 m 30 cm, 1 m 90 cm, 7 m 50 cm

01 A공비법 2분 후 연서가 움직인 거리를 알아봅니다.
48 m 75 cm씩 앞으로 갔다가 25 m 40 cm씩 뒤로 가므로 2분 동안 앞으로 간 거리는
48 m 75 cm − 25 m 40 cm = 23 m 35 cm입니다.
9 = 2 + 2 + 2 + 2 + 1이므로 걷기 시작한 지 9분 후 연서는 출발점에서
23 m 35 cm + 23 m 35 cm
+ 23 m 35 cm + 23 m 35 cm + 48 m 75 cm
= 142 m 15 cm 떨어져 있습니다.

답 142 m 15 cm

02 A공비법 ㉮, ㉯의 길이가 같으므로 두 길이의 식을 세워 ㉠을 구합니다.
㉮ 끈의 길이는 16 m + 16 m + ㉠ m + ㉠ m
= 32 m + ㉠ m + ㉠ m
㉯ 끈의 길이는 9 m + 9 m + 9 m + ㉠ m
+ ㉠ m + ㉠ m
= 27 m + ㉠ m + ㉠ m + ㉠ m
입니다.
㉮와 ㉯의 끈의 길이는 같으므로
32 m + ㉠ m + ㉠ m
= 27 m + ㉠ m + ㉠ m + ㉠ m, ㉠ m = 5 m
따라서 ㉠ = 5입니다.

답 5

03 A공비법 색 테이프 3장을 이어 붙이면 겹치는 부분은 2군데입니다.
5 m 47 cm인 색 테이프 3장의 길이는
5 m 47 cm + 5 m 47 cm + 5 m 47 cm
= 16 m 41 cm이고
12 cm씩 겹치게 이어 붙인 길이는
16 m 41 cm − 12 cm − 12 cm
= 16 m 17 cm입니다.
2 m 39 cm + 1 m 94 cm = 4 m 33 cm이므로 16 m 17 cm에서 4 m 33 cm보다 작은 수가 나올 때까지 4 m 33 cm씩 빼어 봅니다.
16 m 17 cm − 4 m 33 cm − 4 m 33 cm
− 4 m 33 cm
= 3 m 18 cm
따라서 자를 수 있을 때까지 자르고 남은 색 테이프는
3 m 18 cm − 2 m 39 cm = 79 cm입니다.

답 79 cm

04 A공비법 움직이는 방향에 대한 규칙과 이동한 거리에 대한 규칙을 찾습니다.
윤호는 동 → 남 → 서 → 북 방향으로 걷고 처음 12 m를 간 이후 방향을 바꿔 걸을 때마다 3 m씩 더 걸었습니다.

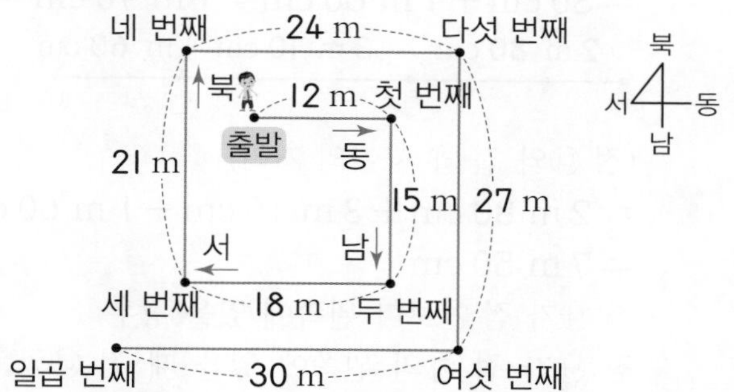

각 지점이 출발점에서부터 어디인지 구하면
첫 번째: 동쪽으로 12 m
두 번째: 동쪽으로 12 m, 남쪽으로 15 m
세 번째: 서쪽으로 6 m, 남쪽으로 15 m
네 번째: 서쪽으로 6 m, 북쪽으로 6 m
다섯 번째: 동쪽으로 18 m, 북쪽으로 6 m
여섯 번째: 동쪽으로 18 m, 남쪽으로 21 m
일곱 번째: 서쪽으로 12 m, 남쪽으로 21 m
따라서 윤호가 도착한 일곱 번째 지점은 서쪽으로 12 m, 남쪽으로 21 m입니다.

답 서쪽으로: 12 m, 남쪽으로: 21 m

05 A공비법 점 ㉮, ㉯, ㉰, ㉱가 어떤 순서로 있는지 알 수 없으므로 가능한 경우를 모두 생각합니다.
- 점 ㉯가 점 ㉮보다 오른쪽에 있을 경우
점 ㉰가 점 ㉮의 왼쪽 또는 오른쪽에 있을 수 있고, 점 ㉱가 점 ㉰의 왼쪽 또는 오른쪽에 있을 수 있습니다.

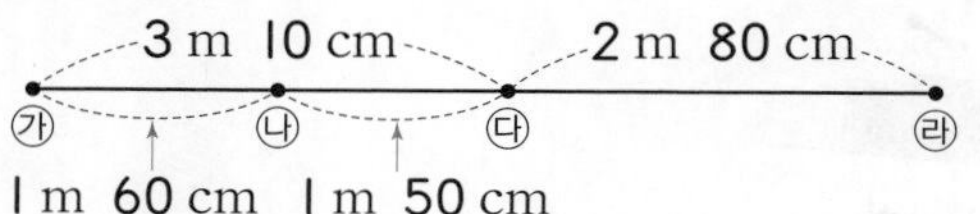

(점 ㉯와 점 ㉰ 사이의 거리)
= 3 m 10 cm − 1 m 60 cm = 1 m 50 cm
(점 ㉯와 점 ㉱ 사이의 거리)

=1 m 50 cm+2 m 80 cm=4 m 30 cm

30 cm 2 m 80 cm
㉮ ㉱ ㉯ 1 m 50 cm ㉰

점 ㉯와 점 ㉰ 사이의 거리가 1 m 50 cm이므로
(점 ㉯와 점 ㉱ 사이의 거리)
=2 m 80 cm−1 m 50 cm=1 m 30 cm

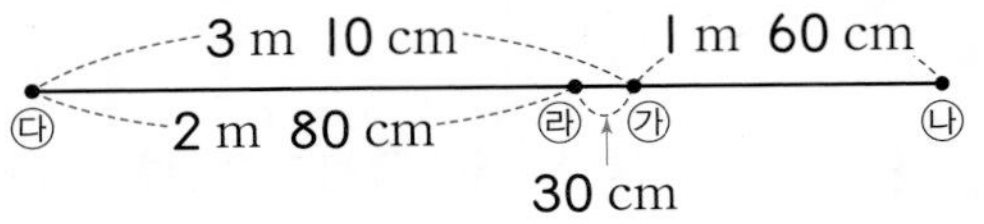

(점 ㉱와 점 ㉮ 사이의 거리)
=3 m 10 cm−2 m 80 cm=30 cm
(점 ㉯와 점 ㉱ 사이의 거리)
=30 cm+1 m 60 cm=1 m 90 cm

2 m 80 cm 3 m 10 cm 1 m 60 cm
㉱ ㉰ ㉮ ㉯

(점 ㉯와 점 ㉱ 사이의 거리)
=2 m 80 cm+3 m 10 cm+1 m 60 cm
=7 m 50 cm

• 점 ㉯가 점 ㉮보다 왼쪽에 있을 경우
점 ㉯가 점 ㉮의 왼쪽에 있을 때 점 ㉯와 점 ㉱ 사이의 거리가 될 수 있는 경우는 점 ㉯가 점 ㉮의 오른쪽에 있을 때와 같습니다.

따라서 점 ㉯와 점 ㉱ 사이의 거리가 될 수 있는 경우는 4 m 30 cm, 1 m 30 cm, 1 m 90 cm, 7 m 50 cm입니다.

답 4 m 30 cm, 1 m 30 cm, 1 m 90 cm, 7 m 50 cm

休카페
하나씩,
천천히,
단단하게!
(서두르니까 서투른거였어~)

4. 시각과 시간

01 • 짧은바늘이 숫자 6과 7 사이를 가리키고, 긴바늘이 숫자 1에서 작은 눈금으로 2칸 더 간 곳을 가리킵니다. ➡ 6시 7분 ➡ 6 : 07
• 짧은바늘이 숫자 3과 4 사이를 가리키고, 긴바늘이 숫자 5를 가리킵니다. ➡ 3시 25분 ➡ 3 : 25
• 짧은바늘이 숫자 11과 12 사이를 가리키고, 긴바늘이 숫자 8에서 작은 눈금으로 3칸 더 간 곳을 가리킵니다. ➡ 11시 43분 ➡ 11 : 43

답 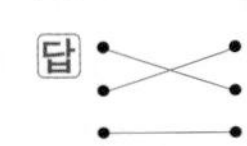

02 지우는 4시 22분을 나타냈습니다.

답 서연

03 짧은바늘이 5와 6 사이를 가리키므로 5시입니다.
긴바늘이 4에서 작은 눈금 2칸을 덜 간 곳을 가리키므로 18분입니다.
따라서 설명하는 시각은 5시 18분입니다.

답 5시 18분

04 2시 57분은 3시가 되기 3분 전의 시각과 같습니다.
➡ 2시 57분=3시 3분 전

답 2, 57, 3, 3

05 5시 17분 전=4시 43분

➡ 짧은바늘은 4와 5 사이에서 5에 더 가깝게 그리고, 긴바늘은 8에서 작은 눈금으로 3칸 더 간 곳을 가리키게 그립니다.

답 

06 8시 14분 전=7시 46분
➡ 짧은바늘은 7과 8 사이에서 8에 더 가깝게 그리고, 긴바늘은 9에서 작은 눈금으로 1칸 더 간 곳을 가리키게 그립니다.

답 

07 (1) 1시간 35분=60분+35분=95분
(2) 5시간=60분+60분+60분+60분+60분
=300분
(3) 180분=60분+60분+60분=3시간
(4) 250분=60분+60분+60분+60분+10분
=4시간 10분

답 (1) 95 (2) 300 (3) 3 (4) 4, 10

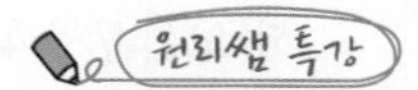

1시간=60분임을 이용합니다.

08 4시 40분 $\xrightarrow{\text{1시간 후}}$ 5시 40분 $\xrightarrow{\text{10분 후}}$ 5시 50분
따라서 책 읽기를 마친 시각은 5시 50분입니다.

답 5시 50분

09 공연은 5시 40분에 시작해서 8시에 끝났습니다.
5시 40분 $\xrightarrow{\text{2시간 후}}$ 7시 40분 $\xrightarrow{\text{20분 후}}$ 8시
따라서 공연 시간은 2시간 20분입니다.

답 2시간 20분

10 ㉠ 50시간=24시간+24시간+2시간
=2일 2시간
㉡ 1일 15시간=24시간+15시간=39시간
㉢ 41시간=24시간+17시간=1일 17시간
㉣ 2일 18시간=24시간+24시간+18시간
=66시간

답 ㉡, ㉢

11 오전 8시 30분 $\xrightarrow{\text{4시간 후}}$ 오후 12시 30분
$\xrightarrow{\text{4시간 후}}$ 오후 4시 30분
따라서 오전 8시 30분에서 오후 4시 30분은 8시간 후이고, 시계의 긴바늘이 한 바퀴 돌면 한 시간이 지나므로 긴바늘은 모두 8바퀴 돕니다.

답 8바퀴

12 어제 오후 9시부터 오늘 오전 5시까지 잤습니다.
오후 9시 $\xrightarrow{\text{3시간 후}}$ 밤 12시 $\xrightarrow{\text{5시간 후}}$ 오전 5시
따라서 3시간+5시간=8(시간) 동안 잤습니다.

답 8시간

13 1주일은 7일입니다.
(1) 21=7+7+7이므로 21일은 3주일입니다.
(2) 7+7+7+7+7+7=42이므로 6주일은 42일입니다.

답 (1) 3 (2) 42

14 1월 9일 $\xrightarrow{\text{1주일 후}}$ 1월 16일 $\xrightarrow{\text{1주일 후}}$ 1월 23일

답 1월 23일

15 30일까지 있는 달: 4월, 6월, 9월, 11월

답 ②

16 (1) 20개월=12개월+8개월=1년 8개월
(2) 1년 5개월=12개월+5개월=17개월
(3) 32개월=12개월+12개월+8개월
=2년 8개월
(4) 2년 3개월=12개월+12개월+3개월
=27개월

답 (1) 1, 8 (2) 17 (3) 2, 8 (4) 27

17 3년 8개월=12개월+12개월+12개월+8개월=44개월이므로 45개월이 더 깁니다.

답 (　　) (○)

18 4월은 30일까지 있으므로 4월 15일부터 4월 30일까지는 16일이고, 5월 1일부터 5월 23일까지는 23일입니다. 따라서 4월 15일부터 5월 23일까지는 16+23=39(일)입니다.

답 39일

STEP C 교과서유형완성

본문 072~078쪽

유형 1 10, 10, 10, 10 / 10시 10분

1-1 12시 27분　　1-2 5시 15분 전

유형 2 5, 6, 4, 5, 20, 5, 20, 3, 20, 3, 10, 3, 10 / 3시 10분

2-1 1시 40분　　2-2 2시 55분

유형 3 40, 4, 40, 3, 20, 4, 4, 3, 20, 4, 7, 20 / 7시간 20분

3-1 진우

유형 4 1, 2, 2, 4, 40 / 오후 4시 40분

4-1 오후 3시 30분　　4-2 오전 7시 45분

유형 5 31, 12, 15, 12, 15, 27 / 27일

5-1 41일　　5-2 64일　　5-3 12월 9일

유형 6 31, 7, 4, 11, 18, 25, 4 / 4번

6-1 토요일　　6-2 금요일

유형 7 9, 9, 3, 9 / 오후 3시 9분

7-1 오전 6시 36분　　7-2 오후 5시 21분

1-1 짧은바늘은 12와 1 사이를 가리키므로 12시이고, 긴바늘은 5에서 작은 눈금 2칸 더 간 곳을 가리키므로 27분입니다. ➡ 12시 27분

답 12시 27분

1-2 짧은바늘은 숫자 4와 5 사이를 가리키므로 4시이고, 긴바늘은 숫자 9를 가리키므로 45분입니다. 따라서 시계가 나타내는 시각은 4시 45분이므로 5시 15분 전입니다.

답 5시 15분 전

2-1 90분＝60분＋30분＝1시간 30분

3시 10분 $\xrightarrow{\text{1시간 전}}$ 2시 10분 $\xrightarrow{\text{30분 전}}$ 1시 40분

따라서 줄넘기를 시작한 시각은 1시 40분입니다.

답 1시 40분

2-2 경기 시간과 휴식 시간을 모두 더하면

45분＋15분＋45분＝105분

105분＝60분＋45분＝1시간 45분

1시 10분 $\xrightarrow{\text{1시간 후}}$ 2시 10분 $\xrightarrow{\text{45분 후}}$ 2시 55분

따라서 축구 경기가 끝난 시각은 2시 55분입니다.

답 2시 55분

3-1 민호: 오전 11시 40분 $\xrightarrow{\text{20분 후}}$ 낮 12시 $\xrightarrow{\text{1시간 후}}$ 오후 1시

➡ 20분＋1시간＝1시간 20분

진우: 오후 1시 55분 $\xrightarrow{\text{5분 후}}$ 오후 2시 $\xrightarrow{\text{1시간 후}}$ 오후 3시 $\xrightarrow{\text{20분 후}}$ 오후 3시 20분

➡ 5분＋1시간＋20분＝1시간 25분

1시간 25분이 1시간 20분보다 더 길므로 피아노 연습을 더 오래한 사람은 진우입니다.

답 진우

4-1 시계의 긴바늘이 5바퀴 돌면 5시간이 지난 것과 같습니다.

오전 10시 30분에서 시계의 긴바늘이 5바퀴 돌았을 때 나타내는 시각은 5시간이 지난 오후 3시 30분입니다.

답 오후 3시 30분

4-2 하루 동안 시계의 짧은바늘은 2바퀴 돕니다.

시계의 짧은바늘이 한 바퀴 돌면 12시간이 지난 것과 같습니다.

오후 7시 45분에서 시계의 짧은바늘이 한 바퀴 돌았을 때 나타내는 시각은 12시간이 지난 오전 7시 45분입니다.

답 오전 7시 45분

5-1 4월은 30일까지 있으므로 4월 11일부터 4월 30일까지는 20일입니다.

5월 1일부터 5월 21일까지는 21일입니다.

따라서 4월 11일부터 5월 21일까지는

20＋21＝41(일)입니다.

답 41일

5-2 6월은 30일까지 있으므로 6월 15일부터 6월 30일까지는 16일입니다.

7월은 31일까지 있습니다.

8월 1일부터 8월 17일까지는 17일입니다.

따라서 6월 15일부터 8월 17일까지는

16＋31＋17＝64(일)입니다.

답 64일

5-3 10월은 31일까지 있으므로 10월 21일부터 10월 31일까지는 11일입니다.

11월은 30일까지 있으므로 10월 21일부터 11

월 30일까지는 11+30=41(일)입니다.
이 경연대회는 50일간 진행되므로 12월 1일부터 50-41=9(일)간 더 진행됩니다.
따라서 이 경연대회는 12월 9일까지 진행됩니다.

답 12월 9일

6-1 같은 요일은 7일마다 반복되므로
25일, 18일, 11일, 4일은 모두 같은 요일입니다.
(-7, -7, -7)
따라서 크리스마스는 4일과 같은 토요일입니다.

답 토요일

6-2 9월은 30일까지 있고, 같은 요일은 7일마다 반복되므로 30일, 23일, 16일, 9일, 2일은 모두
(-7, -7, -7, -7)
같은 요일입니다.
따라서 9월의 마지막 날은 2일과 같은 금요일입니다.

답 금요일

7-1 오늘 오전 7시부터 내일 오전 7시까지는 24시간입니다.
1시간에 1분씩 늦어지므로 24시간 동안 이 시계는 24분 늦어집니다.
따라서 7시에서 24분 전은 6시 36분이므로 내일 오전 7시에 이 시계가 나타내는 시각은 오전 6시 36분입니다.

답 오전 6시 36분

7-2 오늘 오전 10시부터 오늘 오후 5시까지는 7시간입니다.
1시간에 3분씩 빨라지므로 7시간 동안 이 시계는 $3 \times 7 = 21$(분) 빨라집니다.
따라서 5시에서 21분 후는 5시 21분이므로 오후 5시에 이 시계가 나타내는 시각은 오후 5시 21분입니다.

답 오후 5시 21분

STEP B 종합응용력완성

본문 079~083쪽

01 41개월 **02** 7바퀴 **03** 오후 1시 10분
04 8월 31일 **05** 6월 26일
06 1시간 45분 **07** 오후 1시 30분
08 은수 **09** 103시간
10 가: 오후 3시 30분, 나: 오후 2시 18분
11 9번 **12** 3시간 3분
13 9월 7일 오후 11시 10분 **14** 6
15 금요일

01 1년은 12개월이므로 3년 5개월은
12개월+12개월+12개월+5개월=41개월입니다.

답 41개월

02 짧은바늘이 3에서 10까지 7칸 움직이므로 7시간 지난 것입니다.
따라서 긴바늘은 7시간 동안 7바퀴 돕니다.

답 7바퀴

03 오전 11시 →(50분 후) 오전 11시 50분 →(10분 후)
낮 12시 →(5분 후) 오후 12시 5분 →(40분 후)
오후 12시 45분 →(15분 후) 오후 1시 →(10분 후)
오후 1시 10분
따라서 수영장을 나온 시각은 오후 1시 10분입니다.

답 오후 1시 10분

04 하준이의 생일:
8월 5일 →(5일 전) 7월 31일 →(4일 전) 7월 27일
정우의 생일:
7월 27일 →(4일 후) 7월 31일 →(3일 후) 8월 3일
→(4주 후) 8월 31일

답 8월 31일

05 5월의 첫째 토요일이 5일이므로 둘째 토요일은 5+7=12(일)입니다.
5월은 31일까지 있고 5월 31일은 5월 12일에서 19일 후입니다.
45-19=26이므로 5월 31일에서 26일 후는 6월 26일입니다.
따라서 이달 둘째 토요일에서 45일 후는 6월 26

일입니다.

답 6월 26일

06 짧은바늘은 4와 5 사이를 가리키고 긴바늘은 5를 가리키므로 시계가 나타내는 시각은 4시 5분입니다. 오후 2시 20분 $\xrightarrow{\text{1시간 후}}$ 오후 3시 20분 $\xrightarrow{\text{40분 후}}$ 오후 4시 $\xrightarrow{\text{5분 후}}$ 오후 4시 5분
따라서 주영이가 그림을 그리는 데 걸린 시간은 1시간 45분입니다.

답 1시간 45분

07 민우가 기차역에 도착해야 하는 시각:
오후 3시 20분 $\xrightarrow{\text{20분 전}}$ 오후 3시 $\xrightarrow{\text{10분 전}}$
오후 2시 50분
민우가 집에서 나와야 하는 시각:
오후 2시 50분 $\xrightarrow{\text{50분 전}}$ 오후 2시 $\xrightarrow{\text{30분 전}}$
오후 1시 30분
따라서 늦어도 오후 1시 30분에는 집에서 나와야 합니다.

답 오후 1시 30분

08 은수: 오전 11시 30분 $\xrightarrow{\text{30분 후}}$ 낮 12시
$\xrightarrow{\text{1시간 후}}$ 오후 1시 $\xrightarrow{\text{10분 후}}$ 오후 1시 10분
➡ 1시간 40분
경빈: 오후 12시 20분 $\xrightarrow{\text{40분 후}}$ 오후 1시
$\xrightarrow{\text{50분 후}}$ 오후 1시 50분 ➡ 1시간 30분
수민: 오후 2시 40분 $\xrightarrow{\text{20분 후}}$ 오후 3시
$\xrightarrow{\text{1시간 후}}$ 오후 4시 ➡ 1시간 20분
따라서 가장 긴 영화를 본 사람은 은수입니다.

답 은수

09 8월 12일 오전 10시 $\xrightarrow{\text{24시간 후}}$
8월 13일 오전 10시 $\xrightarrow{\text{24시간 후}}$
8월 14일 오전 10시 $\xrightarrow{\text{24시간 후}}$
8월 15일 오전 10시 $\xrightarrow{\text{24시간 후}}$
8월 16일 오전 10시 $\xrightarrow{\text{2시간 후}}$
낮 12시 $\xrightarrow{\text{5시간 후}}$ 오후 5시
따라서 현서네 가족이 여행을 다녀오는 데 걸린 시간은 $24+24+24+24+2+5=103$(시간)입니다.

답 103시간

10 다 시계가 나타내는 시각은 오후 3시이므로 오전 9시부터 6시간이 지난 시각입니다.
가 시계는 1시간에 5분씩 빨라지므로 6시간 동안 $5\times6=30$(분) 빨라집니다.
나 시계는 1시간에 7분씩 늦어지므로 6시간 동안 $7\times6=42$(분) 늦어집니다.
따라서 3시에서 30분 후는 3시 30분이므로 가 시계가 나타내는 시각은 오후 3시 30분이고, 3시에서 42분 전은 2시 18분이므로 나 시계가 나타내는 시각은 오후 2시 18분입니다.

답 가: 오후 3시 30분, 나: 오후 2시 18분

11 예 ❶ 첫째 수요일은 6일, 첫째 토요일은 2일이고 11월은 30일까지 있습니다.
❷ 같은 요일은 7일마다 반복되므로
수요일: 6일, 13일, 20일, 27일 ➡ 4번
토요일: 2일, 9일, 16일, 23일, 30일 ➡ 5번
❸ 따라서 11월 한 달 동안 청소를 모두 $4+5=9$(번) 하였습니다.

답 9번

채점기준	배점	
❶ 첫째 수요일, 토요일 날짜 구하기	2점	5점
❷ 수요일, 토요일이 며칠인지 구하기	2점	
❸ 청소를 몇 번 하였는지 구하기	1점	

12 81:50 → 02:18
15:20 → 05:21
2시 18분 $\xrightarrow{\text{3시간 후}}$ 5시 18분 $\xrightarrow{\text{3분 후}}$ 5시 21분
따라서 유준이가 책을 읽은 시간은 3시간 3분입니다.

답 3시간 3분

13 9월 5일 오후 2시 20분 $\xrightarrow{\text{2시간 전}}$
오후 12시 20분 $\xrightarrow{\text{5시간 전}}$ 오전 7시 20분
파리의 시각은 서울의 시각보다 7시간 늦으므로 9월 8일 오전 6시 10분에서 7시간 전의 시각입니다.
9월 8일 오전 6시 10분 $\xrightarrow{\text{6시간 전}}$ 오전 12시 10분
$\xrightarrow{\text{1시간 전}}$ 9월 7일 오후 11시 10분

답 9월 7일 오후 11시 10분

14 오후 9시부터 다음날 오후 3시까지는 18시간이고 시계가 오후 3시에 나타내는 시각이 오후 1시 12분이므로 1시간 48분=108분 늦어졌습니다.
108=54+54에서 9시간 동안 54분 늦어졌으므로 9×6=54에서 1시간에 6분씩 늦어졌습니다. ➡ ■=6

답 6

15 같은 요일은 7일마다 반복되므로 첫째 수요일과 넷째 수요일의 날짜의 차는 21일입니다.
첫째 수요일의 날짜를 □일이라 하면 넷째 수요일의 날짜는 (□+21)일이므로
□+□+21=35, □+□=14, □=7
첫째 수요일은 10월 7일이고 넷째 수요일은 10월 28일입니다.
따라서 10월의 마지막 날인 31일은 토요일이고 11월 1일은 일요일입니다.
11월 8일, 11월 15일, 11월 22일, 11월 29일은 모두 일요일이고 12월 1일은 화요일입니다.
따라서 12월 8일, 12월 15일, 12월 22일은 모두 화요일이므로 12월 25일은 금요일입니다.

답 금요일

다른풀이 같은 요일은 7일마다 반복되므로 첫째 수요일을 □라 하면
□+□+21=35, □+□=14, □=7이므로
넷째 수요일은 10월 28일입니다.
10월은 31일까지, 11월은 30일까지 있으므로
12월 25일은 10월 28일에서
3+30+25=58(일) 후입니다.
따라서 58일=8주+2일이므로 같은 해 12월 25일은 금요일입니다.

STEP A 최상위실력완성

본문 084~085쪽

01 4번　02 샌드위치, 19시간
03 5월 9일 수요일 오후 11시 45분
04 7번　05 2관, 3관, 4관, 6관

01 A급비법 ■시와 (■+1)시 사이에 긴바늘과 짧은바늘이 일직선이 되는 것을 알아봅니다.
오전 11시 30분부터 낮 12시까지 시계의 긴바늘과 짧은바늘이 일직선이 되는 경우는 없습니다.
낮 12시부터 오후 4시까지 매 시간마다 한 번씩 일직선이 되므로 4번입니다.
오후 4시부터 오후 4시 30분까지 일직선이 되는 경우는 없습니다.
따라서 일직선이 되는 경우는 4번입니다.

답 4번

02 A급비법 하루는 24시간입니다.

• 삼각김밥: 6월 1일 오전 8시 →(1일 후)
6월 2일 오전 8시 →(12시간 후)
6월 2일 오후 8시 →(4시간 후)
6월 3일 밤 12시 →(2시간 후)
6월 3일 오전 2시
하루는 24시간이므로 24시간+12시간+4시간+2시간=42시간입니다.

• 샌드위치: 5월 30일 오전 9시 →(2일 후)
6월 1일 오전 9시 →(12시간 후)
6월 1일 오후 9시 →(1시간 후)
6월 1일 오후 10시
24시간+24시간+12시간+1시간=61시간입니다.

따라서 소비할 수 있는 기간은 샌드위치가 61−42=19(시간) 더 깁니다.

답 샌드위치, 19시간

03 A급비법 짧은바늘은 한 바퀴 돌면 12시간이고, 긴바늘은 한 바퀴 돌면 60분입니다.
짧은바늘이 5바퀴 도는 데 걸리는 시간은
12시간+12시간+12시간+12시간+12시간
=2일 12시간
긴바늘이 3바퀴 반 도는 데 걸리는 시간은
60분+60분+60분+30분=3시간 30분
5월 7일 월요일 오전 8시 15분 →(2일 후)
5월 9일 수요일 오전 8시 15분 →(12시간 후)
5월 9일 수요일 오후 8시 15분 →(3시간 후)
5월 9일 수요일 오후 11시 15분 →(30분 후)
5월 9일 수요일 오후 11시 45분

답 5월 9일 수요일 오후 11시 45분

04 A급비법 오전 8시 45분부터 35분 후, 55분 후의 시간을 번갈아 가며 구합니다.

오전 8시 45분 $\xrightarrow{35분 후}$ 오전 9시 20분 $\xrightarrow{55분 후}$
오전 10시 15분 $\xrightarrow{35분 후}$ 오전 10시 50분 $\xrightarrow{55분 후}$
오전 11시 45분 $\xrightarrow{35분 후}$ 오후 12시 20분 $\xrightarrow{55분 후}$
오후 1시 15분 $\xrightarrow{35분 후}$ 오후 1시 50분 $\xrightarrow{55분 후}$
오후 2시 45분 $\xrightarrow{35분 후}$ 오후 3시 20분 $\xrightarrow{55분 후}$
오후 4시 15분 $\xrightarrow{35분 후}$ 오후 4시 50분 $\xrightarrow{55분 후}$
오후 5시 45분

따라서 오후에 울릉도까지 가는 배는 오후 12시 20분, 오후 1시 15분, 오후 1시 50분, 오후 2시 45분, 오후 3시 20분, 오후 4시 15분, 오후 4시 50분의 7번입니다.

답 7번

05 A급비법 영화관에 도착해야 하는 시각과 영화관에서 출발해야 하는 시각을 구합니다.

오후 1시 30분 $\xrightarrow{1시간 후}$ 오후 2시 30분
$\xrightarrow{15분 후}$ 오후 2시 45분

시윤이가 공부를 끝마친 시각은 오후 2시 45분이므로 영화관에 도착하는 시각은 15분 후인 오후 3시입니다.

또 오후 7시까지는 집에 돌아와야 하므로 영화는 오후 7시 $\xrightarrow{15분 전}$ 6시 45분 이전에 끝나야 합니다.

영화관	시작 시각	상영 시간	끝나는 시각
1관	2 : 46	2시간 13분	4 : 59
2관	3 : 05	1시간 56분	5 : 01
3관	3 : 25	2시간 5분	5 : 30
4관	3 : 58	1시간 48분	5 : 46
5관	4 : 26	2시간 27분	6 : 53
6관	5 : 04	1시간 32분	6 : 36
7관	5 : 38	1시간 48분	7 : 26
8관	5 : 51	2시간 1분	7 : 52

따라서 3시 이후에 시작하고 6시 45분 이전에 끝나는 영화를 찾아보면 2관, 3관, 4관, 6관입니다.

답 2관, 3관, 4관, 6관

5. 표와 그래프

개념 더블체크

본문 089~091쪽

01 〈좋아하는 간식별 학생 수〉

간식	핫도그	떡볶이	피자	라면	합계
학생 수(명)	4	6	3	2	15

02 자료 **03** ㉡, ㉠, ㉢, ㉣

04 〈장래 희망별 학생 수〉

6		△			
5	△	△			
4	△	△		△	
3	△	△	△	△	
2	△	△	△	△	△
1	△	△	△	△	△
학생 수(명) / 장래 희망	선생님	의사	연예인	운동선수	과학자

05 〈장래 희망별 학생 수〉

과학자	☆	☆				
운동선수	☆	☆	☆	☆		
연예인	☆	☆	☆			
의사	☆	☆	☆	☆	☆	☆
선생님	☆	☆	☆	☆	☆	
장래 희망 / 학생 수(명)	1	2	3	4	5	6

06 17명

07 〈태어난 계절별 학생 수〉

6	○			
5	○			○
4	○		○	○
3	○		○	○
2	○	○	○	○
1	○	○	○	○
학생 수(명) / 계절	봄	여름	가을	겨울

08 여름 **09** 파란색 **10** 승유

01 핫도그: 도윤, 사랑, 지율, 서하 ➡ 4명
떡볶이: 건우, 채은, 연우, 나연, 연주, 태희 ➡ 6명
피자: 현서, 민지, 하람 ➡ 3명
라면: 가은, 은빈 ➡ 2명
합계는 $4+6+3+2=15$(명)입니다.

답 〈좋아하는 간식별 학생 수〉

간식	핫도그	떡볶이	피자	라면	합계
학생 수(명)	4	6	3	2	15

02 표는 간식별로 학생 수를 나타낸 것으로 각 학생들이 좋아하는 간식을 알 수 없습니다. 누가 어떤 간식을 좋아하는지 알 수 있는 것은 자료입니다.

답 자료

03 ㉡ 조사 대상을 정하고
→ ㉠ 조사 방법을 정하여
→ ㉢ 정한 방법대로 조사한 후
→ ㉣ 조사한 자료를 표로 나타냅니다.

답 ㉡, ㉠, ㉢, ㉣

04 장래 희망별 학생 수만큼 아래에서부터 위로 △를 채워 그립니다.

답 〈장래 희망별 학생 수〉

6		△			
5	△	△			
4	△	△		△	
3	△	△	△	△	
2	△	△	△	△	△
1	△	△	△	△	△
학생 수(명) / 장래 희망	선생님	의사	연예인	운동선수	과학자

05 학생 수를 나타낼 수 있도록 가로에 왼쪽에서부터 1, 2, 3, 4, 5, 6을 쓰고, 장래 희망별 학생 수만큼 왼쪽에서부터 ☆을 채워 그립니다.

답 〈장래 희망별 학생 수〉

과학자	☆	☆				
운동선수	☆	☆	☆	☆		
연예인	☆	☆	☆			
의사	☆	☆	☆	☆	☆	☆
선생님	☆	☆	☆	☆	☆	
장래 희망 / 학생 수(명)	1	2	3	4	5	6

06 (조사한 전체 학생 수)$=6+2+4+5=17$(명)

답 17명

07 답 〈태어난 계절별 학생 수〉

6	○			
5	○			○
4	○		○	○
3	○		○	○
2	○	○	○	○
1	○	○	○	○
학생 수(명) / 계절	봄	여름	가을	겨울

08 그래프에서 ○가 가장 적은 것은 여름입니다.

답 여름

09 그래프에서 ○가 가장 많은 것은 파란색입니다.

답 파란색

10 유진: 강민이가 좋아하는 색깔을 알 수 없습니다.
지원: 그래프에서 ○가 많고 적음을 한눈에 알 수 있습니다.

답 승유

STEP C 교과서유형완성

본문 092~096쪽

유형 1 17, 2, 4, 5, 바이킹 6, 6 / 6명

1-1 7명

유형 2 3, 4, 16, 3, 4, 3, 3 /

〈취미별 학생 수〉

4		○			○
3		○	○	○	○
2	○	○	○	○	○
1	○	○	○	○	○
학생 수(명) / 취미	그림 그리기	음악 감상	독서	운동	게임

2-1

〈체험 학습 장소별 학생 수〉

6			○		
5			○	○	
4		○	○	○	○
3	○	○	○	○	○
2	○	○	○	○	○
1	○	○	○	○	○
학생 수(명) / 장소	박물관	미술관	동물원	과학관	수족관

유형 3 3, 6, 15, 6, 4 / 4명

3-1 2명

유형 4 주스, 이온음료, 10, 4, 6 / 6명

4-1 8개

유형 5 3, 1, 0, 5, 1, 3, 2, AB형 / AB형

5-1 42명

1-1 (국화를 심을 학생 수)
$=21-5-4-3-2=7$(명)

화단에 심을 꽃이 가장 많은 학생 수까지 그래프에 나타낼 수 있어야 합니다.
가장 많은 학생들이 심을 꽃은 국화이고 7명입니다.
따라서 세로 칸은 적어도 7명까지 나타낼 수 있어야 합니다.

답 7명

2-1 체험 학습 장소별 ○의 수를 세어 봅니다.
박물관: 3명, 동물원: 6명, 과학관: 5명,
수족관: 4명
조사한 학생 수가 22명이므로 미술관에 가고 싶은 학생 수는 $22-3-6-5-4=4$(명)입니다.
따라서 미술관 칸에 아래에서부터 위로 ○를 4개 채워 그립니다.

답 〈체험 학습 장소별 학생 수〉

6			○		
5			○	○	
4		○	○	○	○
3	○	○	○	○	○
2	○	○	○	○	○
1	○	○	○	○	○
학생 수(명) / 장소	박물관	미술관	동물원	과학관	수족관

3-1 (부산과 제주에 가고 싶은 학생 수)
$=24-4-3-7=10$(명)
$10=5+5$이므로 부산에 가고 싶은 학생 수와 제주에 가고 싶은 학생 수는 각각 5명입니다.
따라서 여수에 가고 싶은 학생은 제주에 가고 싶은 학생보다 $7-5=2$(명) 더 많습니다.

답 2명

4-1 가장 많이 모은 딱지는 ○의 수가 가장 많은 주황색 딱지이고, 세 번째로 적게 모은 딱지는 ○의 수가 세 번째로 적은 파란색 딱지입니다. 딱지 수를 나타내는 세로의 수가 4, 8, 12……이므로 세로 한 칸은 4개를 나타냅니다.
➡ 주황색 딱지: 24개, 파란색 딱지: 16개
따라서 주황색 딱지는 파란색 딱지보다
$24-16=8$(개) 더 많습니다.

답 8개

5-1 식빵: $4+3=7$(명), 도넛: $3+5=8$(명),
크림빵: $4+6=10$(명), 팥빵: $5+4=9$(명),
모닝빵: $5+3=8$(명)

따라서 다은이네 학년 학생 수는 모두
$7+8+10+9+8=42$(명)입니다.

답 42명

STEP B 종합응용력완성

본문 097~102쪽

01 〈학생별 산책을 한 날수〉

5	△			
4	△		△	△
3	△	△	△	△
2	△	△	△	△
1	△	△	△	△
날수(일) / 이름	유찬	아윤	지은	재원

02 아윤

03 〈좋아하는 운동별 학생 수〉

<table>
<tr><td>4</td><td>○</td><td></td><td></td><td></td><td>○</td><td></td><td></td><td></td><td></td><td></td></tr>
<tr><td>3</td><td>○</td><td>△</td><td></td><td></td><td>○</td><td></td><td></td><td></td><td></td><td>△</td></tr>
<tr><td>2</td><td>○</td><td>△</td><td>○</td><td>△</td><td>○</td><td></td><td></td><td>△</td><td></td><td>△</td></tr>
<tr><td>1</td><td>○</td><td>△</td><td>○</td><td>△</td><td>○</td><td>△</td><td>○</td><td>△</td><td>○</td><td>△</td></tr>
<tr><td>학생 수(명) / 운동</td><td colspan="2">줄넘기</td><td colspan="2">수영</td><td colspan="2">피구</td><td colspan="2">탁구</td><td colspan="2">배드민턴</td></tr>
</table>

, 피구

04 〈좋아하는 과일별 학생 수〉

과일	귤	배	사과	망고	포도	합계
학생 수 (명)	6	6	4	2	4	22

〈좋아하는 과일별 학생 수〉

6	○	○			
5	○	○			
4	○	○	○		○
3	○	○	○		○
2	○	○	○	○	○
1	○	○	○	○	○
학생 수(명) / 과일	귤	배	사과	망고	포도

05 5개 **06** 80명 **07** 27점 **08** 2명
09 42명 **10** 204개 **11** 4명 **12** 4명
13 7명

01 자료에서 학생별 ○의 수를 세어 그래프에 아래에서부터 위로 △를 채워 그립니다.

답 〈학생별 산책을 한 날수〉

5	△			
4	△		△	△
3	△	△	△	△
2	△	△	△	△
1	△	△	△	△
날수(일) / 이름	유찬	아윤	지은	재원

02 산책을 한 날과 하지 않은 날은 각각 유찬이는 5일, 2일, 아윤이는 3일, 4일, 지은이는 4일, 3일, 재원이는 4일, 3일입니다. 따라서 산책을 한 날보다 하지 않은 날이 더 많은 사람은 아윤입니다.

답 아윤

03 탁구를 좋아하는 여학생 수는
$12-4-2-4-1=1$(명)이고,
배드민턴을 좋아하는 남학생 수는
$11-3-2-1-2=3$(명)입니다.
그래프를 완성하려면 ○를 탁구의 여학생 칸에 1개, △를 배드민턴의 남학생 칸에 3개 그립니다.
여학생 수와 남학생 수의 차가 가장 큰 운동은 운동별 ○와 △의 수가 가장 많이 차이가 나는 피구입니다.

답 〈좋아하는 운동별 학생 수〉

4	○				○					
3	○	△			○					△
2	○	△	○	△	○			△		△
1	○	△	○	△	○	△	○	△	○	△
학생 수(명) / 운동	줄넘기		수영		피구		탁구		배드민턴	

, 피구

04 그래프에서 사과를 좋아하는 학생은 4명이므로
(망고를 좋아하는 학생 수)$=4-2=2$(명)입니다.
포도를 좋아하는 학생을 □명이라 하면
$6+\square+2+4+2+\square=22$, $\square+\square=8$,
$\square=4$
포도를 좋아하는 학생은 4명이고 배를 좋아하는 학생은 6명입니다.
따라서 그래프를 완성하려면 ○를 귤 칸에 6개, 배 칸에 6개, 망고 칸에 2개, 포도 칸에 4개를 그립니다.

답 〈좋아하는 과일별 학생 수〉

과일	귤	배	사과	망고	포도	합계
학생 수(명)	6	6	4	2	4	22

〈좋아하는 과일별 학생 수〉

6	○	○			
5	○	○			
4	○	○	○		○
3	○	○	○		○
2	○	○	○	○	○
1	○	○	○	○	○
학생 수(명) / 과일	귤	배	사과	망고	포도

05 ○의 수가 적은 학생부터 먹은 아이스크림의 수를 세어 보면 아린: 2개, 미소: 3개, 은찬: 4개, 준성: 4개, 한결: 5개, 승아: 6개입니다. 도윤이보다 아이스크림을 적게 먹은 학생이 4명이므로 도윤이는 아이스크림을 4개보다 많이 먹어야 합니다.
도윤이가 아이스크림을 6개 먹으면 한결이가 도윤이보다 아이스크림을 더 적게 먹게 되므로 도윤이보다 더 적게 먹은 학생은 5명이 됩니다.
따라서 도윤이가 먹은 아이스크림의 개수는 4개보다 많고 6개보다 적은 5개입니다.

답 5개

06 기타와 하모니카를 배우고 싶은 학생 수의 차가 8명이고 칸 수의 차가 2칸이므로 세로 한 칸은 4명을 나타냅니다.
(피아노를 배우고 싶은 학생 수)$=4\times6=24$(명),
(바이올린을 배우고 싶은 학생 수)$=4\times5=20$(명),
(기타를 배우고 싶은 학생 수)$=4\times4=16$(명),
(하모니카를 배우고 싶은 학생 수)$=4\times2=8$(명),
(플루트를 배우고 싶은 학생 수)$=4\times3=12$(명)
따라서 세은이네 학년 학생은 모두
$24+20+16+8+12=80$(명)입니다.

답 80명

07 학생들이 넣은 골은 모두
$3+5+4+6+2=20$(골)이고 전체 점수가 180점이므로 한 골을 넣을 때마다 얻는 점수는 9점입니다.
이안이는 3골을 넣었으므로 $9\times3=27$(점)을 얻었고, 태희는 6골을 넣었으므로 $9\times6=54$(점)을 얻었습니다.

따라서 두 사람의 점수 차는 $54-27=27$(점)입니다.

답 27점

08 가 모둠에서 봉사활동을 2번한 학생은 5명이므로
(나 모둠에서 봉사활동을 2번한 학생 수)
$=5-2=3$(명)
(나 모둠에서 봉사활동을 1번한 학생 수)
$=3+1=4$(명)
(나 모둠의 학생 수)$=4+3+2+5=14$(명)
(가 모둠의 학생 수)$=14-1=13$(명)
(가 모둠에서 봉사활동을 3번한 학생 수)
$=13-3-5-3=2$(명)

답 2명

09 세로 6칸이 36명이므로 $6\times6=36$에서 세로 한 칸은 6명을 나타냅니다.
스키장은 ○가 7개이므로 스키장에 가고 싶은 학생은 $6\times7=42$(명)입니다.

답 42명

10 산은 $3\times6=18$(명), 스키장은 42명,
바다는 $4\times6=24$(명), 유적지는 $3\times6=18$(명)이므로 2학년 학생은 모두
$18+42+24+18=102$(명)입니다.
따라서 102명에게 핫팩을 2개씩 주려면 모두
$102+102=204$(개)를 준비해야 합니다.

답 204개

11 볶음면과 컵라면을 좋아하는 학생은
$20-4-5-2=9$(명)입니다. 볶음면을 좋아하는 학생은 컵라면을 좋아하는 학생보다 3명 적으므로 볶음면은 3명, 컵라면은 6명이 좋아합니다.
가장 많은 학생들이 좋아하는 라면은 컵라면으로 6명이 좋아합니다.
가장 적은 학생들이 좋아하는 라면은 마라면으로 2명이 좋아합니다.
따라서 가장 많은 학생들이 좋아하는 라면과 가장 적은 학생들이 좋아하는 라면의 학생 수의 차는
$6-2=4$(명)입니다.

답 4명

12 당근을 좋아하는 학생은 오이를 좋아하는 학생보다 6명이 더 많으므로 세로 3칸이 6명을 나타냅니다.
따라서 세로 한 칸은 2명을 나타내므로
오이: 2명, 당근: 8명입니다.
파프리카를 좋아하는 학생은 4명이므로
호박을 좋아하는 학생은
$18-4-2-8=4$(명)입니다.

답 4명

13 (예능과 영화를 즐겨보는 학생 수)
$=26-4-6-5=11$(명)
영화를 즐겨보는 학생 수를 □명이라 하면 예능을 즐겨보는 학생 수는 (□+□−1)명입니다.
□+□+□−1=11, □+□+□=12,
□×3=12, □=4
따라서 영화를 즐겨보는 학생이 4명이므로 예능을 즐겨보는 학생은 $4\times2-1=7$(명)입니다.

답 7명

STEP A 최상위실력완성 본문 103쪽

01 선인장, 감나무 **02** 참치덮밥

01 A급비법 보이지 않는 학생 수부터 구합니다.
선인장을 심은 1반 학생은
$20-4-3-5-2=6$(명)입니다.
산호수를 심은 2반 학생은
$21-5-4-3-4=5$(명)입니다.

〈두 반 학생들이 심은 나무〉

나무	산호수	행운목	선인장	월계수	감나무
학생 수 (명)	$4+5=9$	$3+5=8$	$6+4=10$	$5+3=8$	$2+4=6$

따라서 두 반 학생들이 가장 많이 심은 나무는 선인장이고 가장 적게 심은 나무는 감나무입니다.

답 선인장, 감나무

02 A급비법 두 가지씩 골랐으므로 합계는 학생 수의 2배입니다.
각자 두 가지씩 골라 조사한 것은 2배의 학생을 조사한 것과 같습니다. 즉 조사한 학생 수는 실제 학생 수의 2배이므로 $23+23=46$(명)입니다.
카레덮밥과 제육덮밥을 먹고 싶은 학생은
$46-2-8-5-13=18$(명)입니다.

카레덮밥을 먹고 싶은 학생은 제육덮밥을 먹고 싶은 학생의 2배이므로 카레덮밥과 제육덮밥을 먹고 싶은 학생은 제육덮밥을 먹고 싶은 학생의 3배입니다. 제육덮밥을 먹고 싶은 학생을 □명이라 하면 □×3=18, □=6이므로 제육덮밥은 6명, 카레덮밥은 12명이 먹고 싶어 합니다.
따라서 시연이네 반 학생들이 가장 먹고 싶은 덮밥은 참치덮밥입니다.

답 참치덮밥

퀴즈 천재 정답

~~ABCDKO~~

○

선을 중심으로 B, C, D, K, O는 위아래의 모양이 같고 A는 위아래의 모양이 다릅니다.

6. 규칙 찾기

더블체크

본문 107~109쪽

01 △, 보라색, 초록색

02

1	2	2	3	1
2	2	3	1	2
2	3	1	2	2

03

04 예 쌓기나무가 3개, 2개, 1개씩 반복되도록 쌓았습니다.

05 25개 06 ④

07

×	6	7	8	9
6	36	42	48	54
7	42	49	56	63
8	48	56	64	72
9	54	63	72	81

08

×	2	4	6	8
2	4	8	12	16
4	8	16	24	32
6	12	24	36	48
8	16	32	48	64

09 6씩 커집니다. 10 토요일

01 답 △, 보라색, 초록색

02 왼쪽 무늬에서 ♥, ♣, ♣, ◆가 반복되는 규칙이고, 이 규칙에 따라 ♥는 1, ♣는 2, ◆는 3으로 바꾸어 나타낸 것입니다.

답

1	2	2	3	1
2	2	3	1	2
2	3	1	2	2

03 색칠된 칸이 시계 방향으로 4칸씩 돌아가는 규칙입니다.

답 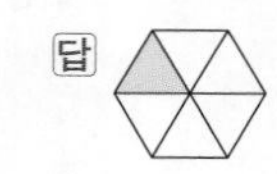

04 왼쪽에서부터 쌓기나무의 수를 세어 규칙을 찾습니

다. 쌓기나무가 3개, 2개, 1개씩 반복되도록 쌓았습니다.

답 예 쌓기나무가 3개, 2개, 1개씩 반복되도록 쌓았습니다.

05 1층으로 된 쌓기나무의 개수: 1개
2층으로 된 쌓기나무의 개수: 1+3=4(개)
3층으로 된 쌓기나무의 개수: 1+3+5=9(개)
4층으로 된 쌓기나무의 개수:
1+3+5+7=16(개)
5층으로 된 쌓기나무의 개수:
1+3+5+7+9=25(개)

답 25개

06 ① 모두 두 자리 수입니다.
② 홀수, 짝수(짝수, 홀수)가 반복됩니다.
③ ↙ 방향으로 같은 수가 반복됩니다.
⑤ ↘ 방향으로 갈수록 2씩 커집니다.

답 ④

07 초록색으로 색칠된 곳의 수는 48, 56, 64, 72로 8씩 커지는 규칙입니다.
가로줄에서 오른쪽으로 갈수록 8씩 커지는 곳을 찾아 색칠합니다.

답

×	6	7	8	9
6	36	42	48	54
7	42	49	56	63
8	48	56	64	72
9	54	63	72	81

08 분홍색 칸에 들어갈 수는 4×6=24이므로 24가 들어간 곳은 6×4입니다.

답

×	2	4	6	8
2	4	8	12	16
4	8	16	24	32
6	12	24	36	48
8	16	32	48	64

09 3일 9일 15일 21일 27일 ➡ 6씩 커집니다.
+6 +6 +6 +6

답 6씩 커집니다.

10 같은 요일은 7일마다 반복되므로
27일에서 7씩 빼어 같은 요일을 찾습니다.
27−7=20(일), 20−7=13(일),
13−7=6(일)
따라서 27일은 6일과 같은 토요일입니다.

답 토요일

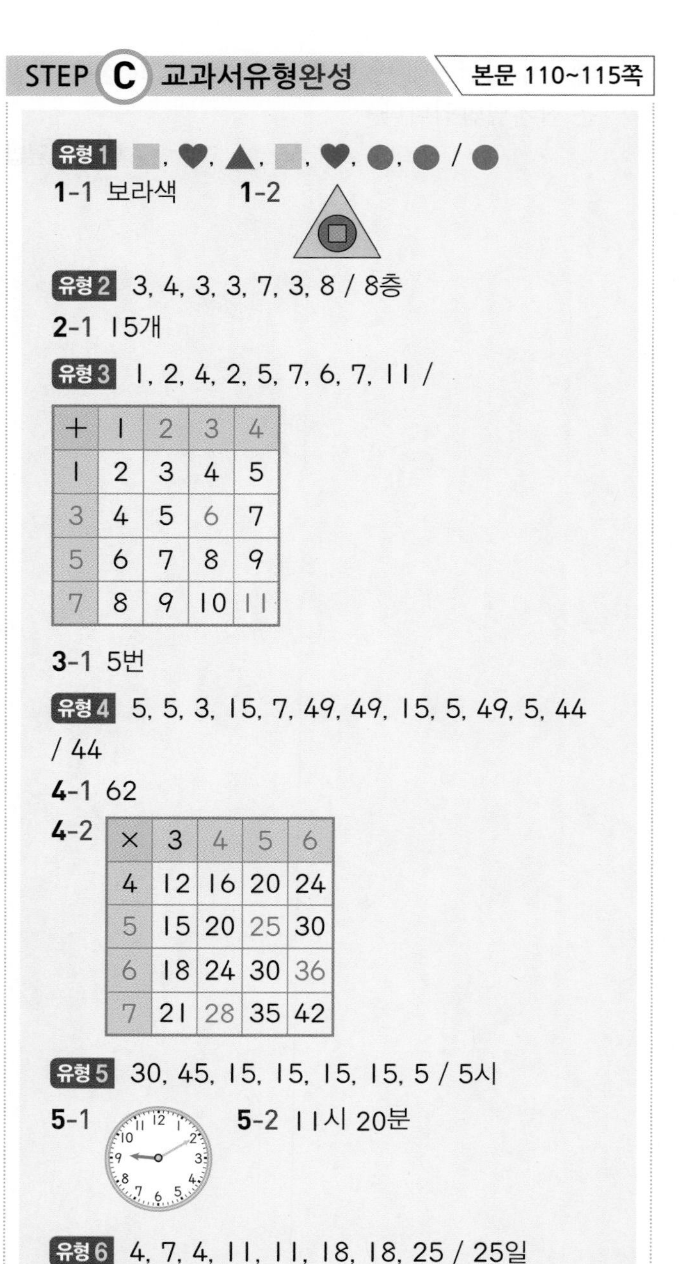

STEP C 교과서유형완성

본문 110~115쪽

유형 1 ■, ♥, ▲, ■, ♥, ●, ● / ●

1-1 보라색 **1-2**

유형 2 3, 4, 3, 3, 7, 3, 8 / 8층

2-1 15개

유형 3 1, 2, 4, 2, 5, 7, 6, 7, 11 /

+	1	2	3	4
1	2	3	4	5
3	4	5	6	7
5	6	7	8	9
7	8	9	10	11

3-1 5번

유형 4 5, 5, 3, 15, 7, 49, 49, 15, 5, 49, 5, 44 / 44

4-1 62

4-2

×	3	4	5	6
4	12	16	20	24
5	15	20	25	30
6	18	24	30	36
7	21	28	35	42

유형 5 30, 45, 15, 15, 15, 15, 5 / 5시

5-1 **5-2** 11시 20분

유형 6 4, 7, 4, 11, 11, 18, 18, 25 / 25일

6-1 31일 **6-2** 월요일

1-1 보라색, 초록색, 파란색 구슬을 번갈아 가면서 꿰고 파란색 구슬은 한 개씩 늘어나는 규칙입니다.

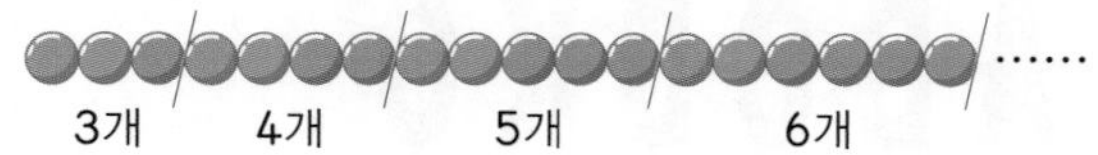

3+4+5+6+7+8=33이므로 34번째에는 다시 보라색 구슬을 꿰어야 합니다.

답 보라색

1-2 모양은 , , 가 반복되는 규칙입니다.
색은 맨 바깥쪽부터 주황색 – 노란색 – 보라색
➡ 노란색 – 보라색 – 주황색
➡ 보라색 – 주황색 – 노란색이 반복되는 규칙입니다.
따라서 빈칸에 알맞은 도형은 모양에, 색은 맨 바깥쪽부터 노란색 – 보라색 – 주황색입니다.

답 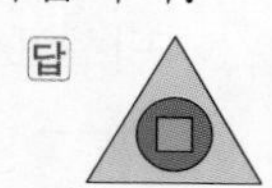

2-1 쌓기나무가 1개, 3개, 6개……로 2개, 3개…… 씩 늘어나는 규칙입니다.
4번째: $6+4=10$(개)
5번째: $10+5=15$(개)

답 15개

3-1

+	4	5	6	7	8
4	8	9	10	11	12
5	9	10	11	★	13
6	10	11	12	13	14
7	11	12	13	14	15
8	12	13	14	15	16

규칙을 찾아 알맞은 수를 써넣으면 ★에 알맞은 수는 12이고, 덧셈표에서 12는 모두 5번 들어갑니다.

답 5번

4-1 ㉠$=4\times5=20$, ㉡$=6\times4=24$,
㉢$=7\times6=42$
$42>24>20$에서 가장 큰 수는 42, 가장 작은 수는 20이므로 두 수의 합은 $42+20=62$입니다.

답 62

4-2

×	3	㉠	㉡	㉢
4	12	16	20	24
㉣	15	20	㉦	30
㉤	18	24	30	㉧
㉥	21	㉨	35	42

$4\times$㉠$=16\to$㉠$=4$,
$4\times$㉡$=20\to$㉡$=5$,
$4\times$㉢$=24\to$㉢$=6$,
㉣$\times3=15\to$㉣$=5$,
㉤$\times3=18\to$㉤$=6$,
㉥$\times3=21\to$㉥$=7$,
㉦$=5\times5=25$,
㉧$=6\times6=36$, ㉨$=7\times4=28$

답

×	3	4	5	6
4	12	16	20	24
5	15	20	25	30
6	18	24	30	36
7	21	28	35	42

5-1 시각이 7시 10분 → 7시 50분 → 8시 30분으로 시간이 40분씩 흐르는 규칙입니다.
8시 30분에서 40분이 흐른 시각은 9시 10분이므로 4번째에 알맞은 시각은 9시 10분입니다.

답 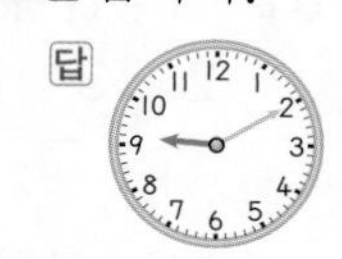

5-2 시각이 10시 5분 → 10시 10분 → 10시 20분 → 10시 35분 → 10시 55분이므로 흐른 시간이 5분, 10분, 15분, 20분……과 같이 5분씩 늘어납니다. 10시 55분에서 25분이 흐른 시각은 11시 20분이므로 마지막 시계가 나타내는 시각은 11시 20분입니다.

답 11시 20분

6-1 달력에서 첫째 주 화요일은 3일이고 같은 요일은 7일마다 반복됩니다.
둘째 주 화요일은 $3+7=10$(일),
셋째 주 화요일은 $10+7=17$(일),
넷째 주 화요일은 $17+7=24$(일),
다섯째 주 화요일은 $24+7=31$(일)입니다.

답 31일

6-2 달력에서 같은 요일은 7일마다 반복됩니다.
다음 달인 1월 1일이 목요일이므로
$1+7=8$(일), $8+7=15$(일),
$15+7=22$(일)도 목요일입니다.
따라서 23일은 금요일, 24일은 토요일, 25일은 일요일, 26일은 월요일입니다.

답 월요일

STEP B 종합응용력완성 본문 116~120쪽

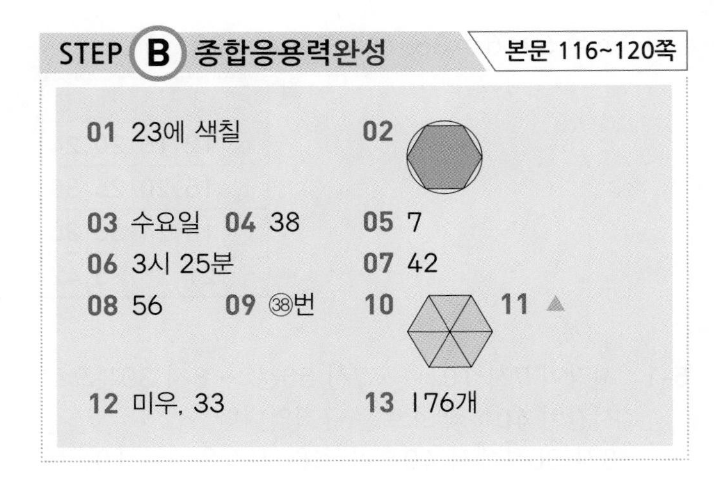

01 색칠한 수는 2, 3, 5, 8, 12, 17입니다.
2 3 5 8 12 17로 1씩 더 큰 수가 더해
+1 +2 +3 +4 +5
지는 규칙입니다.
따라서 규칙에 맞게 색칠한 수는 17+6=23입니다.

답 23에 색칠

02 앞에서부터 세 개씩 보면
△ ■ ▲은 1번째 도형 안에 2번째 도형이 들어간 모양이 3번째 모양이고
○ ┼ ⊕은 4번째 도형 안에 5번째 모양이 들어간 모양이 6번째 모양임을 알 수 있습니다.
따라서 12번째 모양은 10번째 도형 안에 11번째 도형이 들어간 ⬢입니다.

답 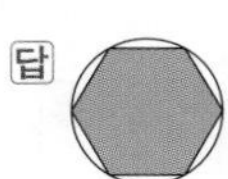

03 7월 4일은 일요일이므로 3일은 토요일, 2일은 금요일, 1일은 목요일입니다.
6월 30일은 수요일이므로
30 23 16 9 2에서 6월 2일은 수요일입니다.
−7 −7 −7 −7
6월 1일이 화요일이므로 5월 31일은 월요일입니다.
31 24 17 10 3에서 5월 3일은 월요일이므로
−7 −7 −7 −7
5월 4일은 화요일, 5월 5일은 수요일입니다.

답 수요일

04

+	5	㉤	7	8	㉥
㉣		㉠	8		
3	㉮				12
5		11		13	㉡
					㉰
9			㉯	㉢	

덧셈표에서 점선을 따라 접었을 때 만나는 곳은
㉮ → ㉠, ㉯ → ㉡, ㉰ → ㉢입니다.
㉣+7=8에서 ㉣=1, 5+㉤=11에서 ㉤=6
➡ ㉠=1+6=7
3+㉥=12에서 ㉥=9 ➡ ㉡=5+9=14
㉢=9+8=17
따라서 ㉮, ㉯, ㉰가 각각 만나는 수의 합은
7+14+17=38입니다.

답 38

05 태은: 1부터 시작하여 시계 방향으로 4칸씩 이동하는 규칙입니다.
1 5 9 3 7 1 5이므로 ㉠=5
4칸 4칸 4칸 4칸 4칸 4칸
나윤: 3부터 시작하여 시계 방향으로 2칸 이동한 후 5에서 1칸 이동하였으므로 2칸 이동 후 1칸 이동하는 것이 반복되는 규칙입니다.
3 5 6 8 9 1 2이므로 ㉡=2
2칸 1칸 2칸 1칸 2칸 1칸
➡ ㉠+㉡=5+2=7

답 7

06 시각이 9시 10분 → 10시 25분 → 11시 40분 → 12시 55분으로 시간이 1시간 15분씩 흐르는 규칙입니다.
다섯 번째 시계는 12시 55분에서 1시간 15분이 흐른 2시 10분이고
여섯 번째 시계는 2시 10분에서 1시간 15분이 흐른 3시 25분입니다.

답 3시 25분

07 달력에서 9월 1일은 첫째 주 금요일이고 같은 요일은 7일마다 반복되므로
둘째 주 금요일은 1+7=8(일),
셋째 주 금요일은 8+7=15(일),
넷째 주 금요일은 15+7=22(일),
다섯째 주 금요일은 22+7=29(일)입니다.

9월은 30일까지 있으므로 9월 30일은 토요일, 10월 1일은 일요일입니다.
10월 2일은 첫째 주 월요일이므로 둘째 주 월요일은 $2+7=9$(일), 셋째 주 월요일은 $9+7=16$(일)입니다.
넷째 주 월요일은 $16+7=23$(일)이므로 넷째 주 목요일은 26일입니다.
따라서 $16+26=42$입니다.

답 42

08

21에서 위쪽으로 올라갈수록 3씩 작아지므로 3단 곱셈구구입니다.
➡ $㉠=18-3=15$
15에서 오른쪽으로 갈수록 □씩 커진다고 하면 $15+□+□=35$, $□+□=20$, $□=10$입니다.
➡ $㉡=15+10=25$, $㉢=35+10=45$
30에서 위쪽으로 올라갈수록 5씩 작아지므로 5단 곱셈구구입니다.
➡ ★$=25-5=20$
45에서 아래쪽으로 내려갈수록 △씩 커진다고 하면 $45+△+△=63$, $△+△=18$, $△=9$입니다.
63에서 위쪽으로 올라갈수록 9씩 작아지므로 9단 곱셈구구입니다.
➡ ♣$=45-9=36$
따라서 ★$+$♣$=20+36=56$입니다.

답 56

09 사물함 번호는 아래쪽으로 내려갈수록 8씩 커지므로 6번 자리에서 8씩 뛰어 세기합니다. 가열에서 마열까지는 8씩 4번 뛰어 세기하므로 $6+8+8+8+8=38$입니다.
따라서 수아의 사물함 번호는 ㊳번입니다.

답 ㊳번

10 초록색은 시계 방향으로 한 칸씩 늘어나고, / 모양은 홀수 번째에, ● 모양은 첫 번째, 네 번째, 일곱 번째에 그려집니다.

답 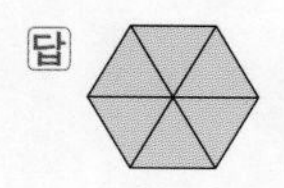

11 ●, ▲, ●, ■, ♥가 반복되고 ♥의 수가 하나씩 커지는 규칙입니다.
➡ 24 25 26 27 28
♥ ♥ ♥ ● ▲

답 ▲

12 • 미우는 2부터 1, 2, 3⋯⋯ 커지는 규칙입니다.
+1 +2 +3 +4 +5 +6 +7
2, 3, 5, 8, 12, 17, 23,
1번째 2번째 3번째 4번째 5번째 6번째 7번째
+8 +9 +10 +11 +12 +13
30, 38, 47, 57, 68, 80, 93
8번째 9번째 10번째 11번째 12번째 13번째 14번째

• 서희는 홀수 번째에는 10이 나오고, 짝수 번째에는 30부터 5씩 커지는 규칙입니다.
+5 +5 +5
10, 30, 10, 35, 10, 40, 10,
1번째 2번째 3번째 4번째 5번째 6번째 7번째
+5 +5 +5
45, 10, 50, 10, 55, 10, 60
8번째 9번째 10번째 11번째 12번째 13번째 14번째

따라서 14번째에는 미우가 쓴 수가 $93-60=33$만큼 더 큽니다.

답 미우, 33

13 예 ❶ 아래쪽으로 내려갈수록 상자의 수가 3개씩 많아지는 규칙입니다.
❷ 1개, $1+3=4$(개), $4+3=7$(개), $7+3=10$(개), $10+3=13$(개), $13+3=16$(개), $16+3=19$(개), $19+3=22$(개), $22+3=25$(개), $25+3=28$(개), $28+3=31$(개)
❸ (쌓은 상자의 수)
$=1+4+7+10+13+16+19+22+25+28+31$
$=176$(개)

채점기준	배점	
❶ 아래쪽으로 내려갈수록 몇 개씩 많아지는지 규칙 찾기	1점	5점
❷ 각 층마다 쌓인 상자의 수 구하기	3점	
❸ 쌓은 상자는 모두 몇 개인지 구하기	1점	

답 176개

STEP A 최상위실력완성 | 본문 121~122쪽

01 12 02 103 03 43개 04 186개

01 $4◆5=4\times5-4-5=11$
$2◆8=2\times8-2-8=6$
$6◆3=6\times3-6-3=9$
$7◆4=7\times4-7-4=17$이므로
기호 ◆의 규칙은
(앞의 수)×(뒤의 수)−(앞의 수)−(뒤의 수)입니다.
$8◆5=8\times5-8-5=27$에서 ㉠$=27$
$3◆9=3\times9-3-9=15$에서 ㉡$=15$
따라서 ㉠−㉡$=27-15=12$입니다.

답 12

02 늘어놓은 수를 4개씩 끊을 때 7037, 7039, 7041로 2씩 커지는 규칙입니다.
7037 / 7039 / 7041 / 7043 / 7045 / 7047 / 70……
수를 26개까지 늘어놓으면 7이 9개 있고, 0이 7개, 1이 1개, 3이 3개, 4가 4개, 5가 1개, 9가 1개 있습니다.
7이 9개면 $7\times9=63$, 0이 7개면 $0\times7=0$,
1이 1개면 $1\times1=1$, 3이 3개면 $3\times3=9$,
4가 4개면 $4\times4=16$, 5가 1개면 $5\times1=5$,
9가 1개면 $9\times1=9$
따라서 늘어놓은 수들의 합은
$63+0+1+9+16+5+9=103$입니다.

답 103

03 한 줄씩 늘어날 때마다 바둑돌의 개수는 1개씩 늘어납니다. 홀수째 줄에는 검은색 바둑돌이 흰색 바둑돌보다 1개 많고, 짝수째 줄에는 검은색 바둑돌과 흰색 바둑돌이 2개씩 번갈아 가며 많아집니다.
따라서 87째 줄에는 바둑돌이 87개 놓이고
$87=44+43$이므로 흰 돌이 43개 있습니다.

답 43개

04 두 번째에 놓인 쌓기나무의 개수는 첫 번째에 놓인 쌓기나무와 두 번째의 1층에 놓인 쌓기나무의 개수의 합과 같습니다. 또 세 번째에 놓인 쌓기나무의 개수는 두 번째에 놓인 쌓기나무와 세 번째의 1층에 놓인 쌓기나무의 개수의 합과 같습니다.
여섯 번째에 놓인 쌓기나무의 개수를 맨 위층부터 차례로 구하면
$1\times1=1$(개), $1\times1+4=5$(개),
$3\times3+4=13$(개), $5\times5+4=29$(개),
$7\times7+4=53$(개), $9\times9+4=85$(개)입니다.
따라서 여섯 번째에 놓인 쌓기나무의 개수는
$1+5+13+29+53+85=186$(개)입니다.

답 186개

스스로 풀기

생각하며 풀기

식 써서 풀기

시간 정해서 풀기

오답노트 정리하기

문제 푸는 **좋은** 습관

문제 푸는 **안타까운** 습관

숙제니까 억지로 풀기

풀이부터 펼쳐보기

단답형만 풀기

질질 끌다 결국 찍기

틀린 문제 방치하기

초등수학의완성

에이급수학

A
CLASS
MATH

올곧게 멀리 내다봅니다
수학의 날개! 에이급수학

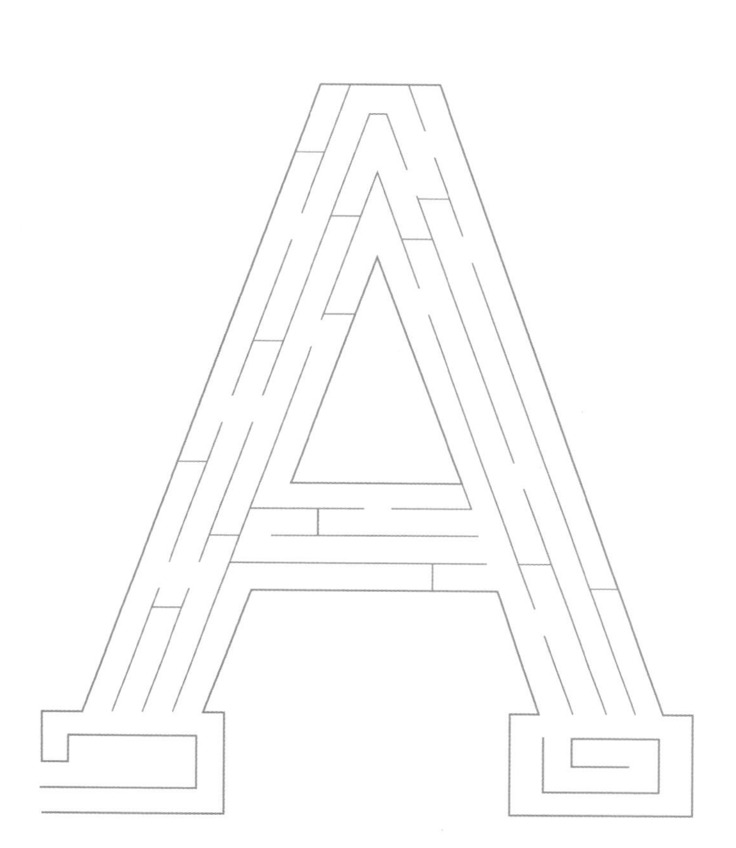

시작이 에이급이면 결과도 항상 A급입니다
Always Top Always A Class

수학만을 연구해 왔습니다. 수학을 압니다.
여러분들의 수학 자신감을 위해 에이급출판사는
항상 노력하겠습니다.
주소 : 서울시 강남구 봉은사로 37길 13, 동우빌딩 5층
전화 : (02) 514-2422~3 (02) 517-5277~8
팩스 : (02) 516-6285
홈페이지 : www.aclassmath.com

ISBN 978-89-6770-087-4
정가 14,000원

⚠ 주의
책의 모서리에 다칠 수 있으니 조심하세요.
KC마크는 이 제품이 공통안전 기준에 적합하였음을 의미합니다.